Geleitwort

Mit Hilfe der Lasertechnologie wurde es im Bauwesen erstmals möglich, Raumvektoren und Bezugsebenen an Ort und Stelle sichtbar zu machen. Die Vorteile für die Baupraxis liegen auf der Hand, sind doch nun Vermessungsarbeiten viel genauer und vor allem rascher durchführbar und behindern überdies nicht mehr das Baugeschehen:

— Bau-, Montage- und Vortriebsarbeiten können erheblich beschleunigt werden,
— Abweichungen von Sollwerten lassen sich praktisch sofort erkennen und korrigieren,
— In vielen Fällen können jetzt mehrere Maschinen gleichzeitig eingesetzt werden,
— Gewisse Bauprozesse lassen sich kontinuierlich oder sogar vollautomatisch steuern,
— Endkontrollen sind rascher und einfacher zu erledigen,
— Die Wetterunabhängigkeit ist größer,
— Der Arbeitsschutz wird verbessert.

Das sind einige der Vorteile gegenüber den herkömmlichen Methoden. Es überrascht daher nicht, wenn Lasernivelliere, -theodolite, -fluchtungsgeräte, Lot- und Rotationslaser und Laservor- und -aufsätze für geodätische Instrumente zunehmend Eingang in den Baualltag finden.

Um nun besser beurteilen zu können, wo überall und wie man solche Geräte optimal einsetzt, ist ein fundierter Überblick über die Lasertechnologie in der Bauvermessung unerläßlich. Das vorliegende Buch kann, ohne dem Leser zu viel Lektüre zuzumuten, diesen grundlegenden Überblick vermitteln.

Es präsentiert zunächst Funktionsweise, Genauigkeit, Überprüfung, Berichtigung und Einsatzgebiet der verschiedenen Lasergeräte. Dann erklärt es, wie man Bezugslinien und -ebenen in situ überträgt. Die zweite Hälfte des Buches zeigt dem Praktiker (und Studenten), wie man auf der Baustelle mit Laserinstrumenten konkret arbeiten kann — im Brücken-, Tunnel-, Industrie- und Wohnungsbau.

Springer-Verlag Wien—New York

Inhaltsverzeichnis

Einleitung

In den unterschiedlichsten Bereichen von Wissenschaft und Technik gewinnt die Laseranwendung immer mehr an Bedeutung. Die Laserstrahlung, die sich durch hohe Monochromasie sowie Kohärenz in Raum und Zeit auszeichnet, besitzt eine hohe Spektraldichte, gute Ausrichtbarkeit sowie große Reichweite und eignet sich deshalb als Lichtquelle für neuartige geodätische Geräte und Meßtechnologien des Bauwesens.

So fand international der Laser immer stärkeren Eingang in den optischen Gerätebau. Es werden heute Entfernungsmessungen nach dem Mond und künstlichen Satelliten mit Hilfe der Laserstrahlung in hoher Genauigkeit ausgeführt. Bei Fluchtungsmessungen gestattet die große Kohärenz des Lasers die verstärkte Anwendung von Interferenzmethoden. Die Aerophotogrammetrie nutzt bereits den Laserstrahl zum Abtasten der Erdoberfläche. Auch Erdkrustenbewegungen und die Kontinentaldrift lassen sich unter Anwendung der Laserinterferometrie mit hoher Präzision bestimmen.

In der vorliegenden Publikation stellen die Autoren ihre Erfahrungen bei der Anwendung von Lasergeräten für das Bauwesen dar. Der räumlich orientierte Laserstrahl schafft die Möglichkeit, Bezugsachsen im Raum zu verkörpern und dadurch Messungsarbeiten zu vereinfachen sowie Bauprozesse in ihrer projektierten Geometrie zu steuern. Rotationslaser geben z. B. horizontale Bezugsebenen an, die Nivellementsarbeiten bei Absteckungen und Kontrollmessungen wesentlich rationalisieren. Die Ausrüstung geodätischer Geräte mit Lasern hat einen neuen Instrumententyp geschaffen, durch den der eigentliche Messungsvorgang vom Gerät an das Meßobjekt verlagert werden kann. Aus der internationalen Literatur ergibt sich eine starke Bindung der Lasertechnik speziell an geodätische Geräte, woraus die Bezeichnungen „Lasernivellier", „Lasertheodolit", „Laserfluchtung" u. a. entstanden. Die schnelle Entwicklung der metrologischen Lasermeßtechnik wird durch die hohe Effektivität bei ihrem Einsatz im Bauwesen stimuliert. Derzeit werden in den Geräten Gaslaser mit hoher Lebensdauer verwendet, wobei eine stetige Vergrößerung der Reichweite der Laserstrahlung sowie die Vervollkommnung der Zuverlässigkeit der Geräte angestrebt wird.

Es muß einleitend noch bemerkt werden, daß das vorliegende Buch den ersten Versuch einer umfassenden Darstellung der Geräteprinzipien und ihrer Anwendung für das Bauwesen darstellt und die weitere Entwicklung zusätzliche Erkenntnisse zu dem hier Dargelegten bringen wird.

1. Lasergeräte für das Bauwesen

1.1. Prinzip des Gaslasers

In den letzten Jahrzehnten entstand mit dem Laser eine neuartige Strahlungsquelle, die sich gegenüber anderen Lichtquellen durch hohe Monochromasie, geringe Divergenz des ausgesandten Strahlenbündels sowie hohe Intensität auszeichnet und je nach Wellenlänge sichtbares bzw. unsichtbares Licht liefert. In Verbindung mit optischen und elektronischen Vorrichtungen erwies sich der Laser u. a. als neuartige Möglichkeit für die Durchführung von Entfernungsmessungen sowie die Vorgabe orientierter Bezugsgeraden und -ebenen im Raum. Der Begriff „Laser" ist aus den Anfangsbuchstaben der englischen Wortkombination „Light amplification by stimulated emission of radiation" abgeleitet, was im Deutschen soviel wie „Lichtverstärkung durch induzierte Strahlungsemission" bedeutet.
Während bei konventionellen Lichtquellen die Emission durch Elektronenübergänge in voneinander unabhängigen angeregten Atomen, Molekülen u. a. statistisch, d. h. spontan erfolgt, entsteht die Laserstrahlung durch die induzierte Emission als synchronisierte Ausstrahlung angeregter Systeme von Atomen u. a. des Arbeitsmediums. Die Grundvoraussetzung hierfür sind das aktive Medium (z. B. Gas) sowie der Resonator (z. B. Spiegelsystem), wobei unter Nutzung bestimmter Effekte das Arbeitsmedium in einen Zustand gebracht wird, daß es elektromagnetische Wellen ausstrahlt und der Resonator zur Erhaltung dieses Zustandes dient.
In Abhängigkeit von der Art des Arbeitsmediums unterscheidet man

- Festkörperlaser (z. B. Rubinlaser)
- Gaslaser (z. B. Helium-Neon-Laser im sichtbaren und Kohlendioxid-Laser im infraroten Bereich)
- Flüssigkeitslaser (z. B. Farbstofflaser)
- Halbleiterlaser (z. B. Gallium-Arsenid-Laser).

Der prinzipielle Aufbau und die Arbeitsweise des Lasers ergeben sich aus der Nutzung von Struktur und Eigenschaften der Atome des Arbeitsmediums. Um den positiv geladenen Atomkern bewegen sich negative Elektronen auf verschiedenen Bahnen mit bestimmten Energiezuständen, die sich aus dem Abstand des Elektrons vom Zentrum seiner Umlaufbahnen ergeben. Der Elektronenübergang von einer Umlaufbahn auf eine andere vollzieht sich nicht stetig, sondern sprunghaft. Bei Energiezuführung gelangt das Elektron in einen höheren Energiezustand, d. h. auf eine weiter

entfernte Umlaufbahn; wenn dagegen das Elektron in einen tieferen Zustand übergeht, sendet es eine Strahlung aus, deren Wellenlänge von der Differenz der beiden Energiezustände abhängt.
Der Übergang der Elektronen auf ein höheres Energieniveau kann durch Bestrahlung des Arbeitsmediums mit Licht, aber auch durch Zusammenstöße von Teilchen erfolgen. Die Rückkehr in einen tieferen Energiezustand kann sich verschiedenartig vollziehen. Die Lebensdauer des angeregten Zustands des Atoms ist sehr gering (10^{-8} s), deshalb findet eine spontane Rückkehr des Atoms in den nichtangeregten Grundzustand statt, wodurch die Energieausstrahlung der Atome bewirkt wird. Der Elektronenübergang auf das niedrigere Energieniveau kann auch durch Zwang erfolgen. Wenn auf das Elektron im höheren Energiezustand Strahlung der Wellenlänge, die das Atom selbst emittiert, einwirkt, so geht das bestrahlte Elektron in den tieferen Energiezustand über und sendet Energie der gleichen Wellenlänge aus.

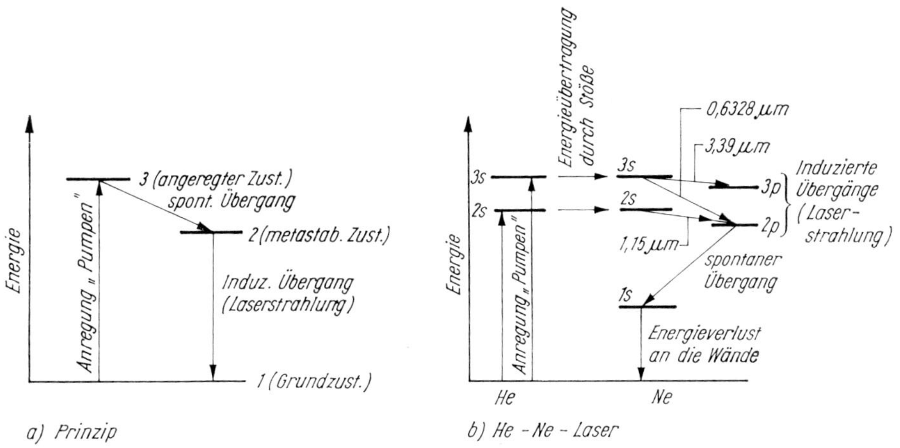

Bild 1.1. Prinzip des Thermschemas beim Laser

Als Medium wählt man solche Stoffe, die in der Lage sind, ihre Elektronen auf einem gewissen Energiezustand anzuhäufen und unter Einwirkung von Lichtquellen die Elektronen in den nächst niederen Energiezustand übergehen zu lassen, wobei eine Strahlung bestimmter Wellenlänge ausgesandt wird. In Bild 1.1a sind drei Energiezustände (*1* Grundzustand, *2* metastabiler Zustand, *3* angeregter Zustand) gezeigt. Bei Energiezufuhr gehen die Elektronen vom Grundzustand in den angeregten Zustand über (*1* → *3*), aus dem sie spontan in den metastabilen Zustand abwandern (*3* → *2*) und dabei Energie ausstrahlen. Weil die Verweilzeit der Elektronen im metastabilen Zustand wesentlich größer ist als im angeregten Zustand, kommt es dort zu einer Anhäufung von Teilchen (Besetzungsinversion). Beim Übergang aus dem metastabilen in den Grundzustand wird ein Teil der abgegebenen Energie von den dort befindlichen Elektronen absorbiert, so daß letztere in den angeregten Zustand übergehen. Die übrige Energie

wird abgestrahlt. Um die Strahlung aufrechtzuerhalten, muß sich ständig ein Überschuß von Elektronen im höheren (metastabilen) Niveau befinden. Dies ist ein Kriterium für die Wahl des geeigneten Arbeitsmediums.
Die Synchronisation der Laserstrahlung sichert der Resonator, der aus zwei Reflektoren besteht, zwischen denen sich das Laserlicht erzeugende Arbeitsmedium befindet. Der Abstand der beiden Reflektoren wird so gewählt, daß zwischen ihnen eine stehende Welle mit der Wellenlänge der ausgesandten Strahlung entsteht. Die Strahlung, die schräg zur Resonatorachse gerichtet ist, verläßt den Resonator und verliert sich, jedoch die Strahlung längs der Resonatorachse wird durch die Reflexion an den beiden Spiegeln verstärkt und ruft den Elektronensprung vom metastabilen in den Grundzustand unter Aussendung der Strahlung hervor. Hierdurch erreicht man eine Rückkopplung der verstärkten Welle und damit die hohe Kohärenz der Laserstrahlung.
Einer der beiden Spiegel ist teildurchlässig, und aus ihm tritt ein gebündelter Laserstrahl aus, der folgende benutzenswerte Eigenschaften besitzt:

- geringe Divergenz, d. h. ein fast paralleles Strahlenbündel
- hohe Monochromasie, d. h. Einfarbigkeit des Lichts
- große zeitliche und räumliche Kohärenz, d. h. Lichtwellen, deren gegenseitige Phasenlage zeitlich und räumlich konstant ist.

Hierdurch wird gewährleistet, daß der Laserstrahl eine große Richtwirkung besitzt.
Für die Zwecke des Bauwesens und der Ingenieurgeodäsie sind Laser mit Dauerstrahlung [26], [59], die im sichtbaren Spektrum arbeiten, am besten geeignet, weshalb man hier generell zur Anwendung von Gaslasern mit einem Gasgemisch von Neon (Hauptanteil) und Helium in einer luftundurchlässigen Glas- oder Quarzröhre überging. An die Elektroden der Gasentladungsröhre wird von einer Gleichstromquelle eine hohe elektrische Spannung angelegt (bis 3 kV). Es entsteht eine Gasentladung, die mit Lichtaussendung verbunden ist. Die Heliumatome, deren Konzentration wesentlich höher ist als die des Neons, werden durch die Entladung angeregt und übertragen auf die Neonatome durch Stoß Energie, worauf diese in den metastabilen Zustand übergehen. Es gibt beim Neon drei metastabile Zustände: 3*s*, 2*s* und 1*s* (Bild 1.1b), aber durch die Stöße werden nur die Niveaus 3*s* und 2*s* besetzt, die den Energieniveaus der angeregten Heliumatome entsprechen.
Bei der Gasentladung wird gleichzeitig mit den Energiezuständen 3*s* und 2*s* auch der metastabile 1*s* besetzt, aber auch die Zustände 3*p* und 2*p*, die dem angeregten nicht stabilen Zustand der Atome entsprechen. Infolge der oben erwähnten hohen Heliumkonzentration kommt der Energieübertragung auf die Neonatome und deren Übergang auf die Zustände 3*s* und 2*s* die dominierende Rolle zu. Außerdem ist die Lebensdauer der Teilchen in den Energiezuständen 2*p* und 3*p* gering, und der Zustand 1*s* verarmt durch Diffusion der Energie zu den Wänden der Röhre. So sichert man die Besetzungsinversion in den Niveaus 3*s* und 2*s* gegenüber den Niveaus 1*s*, 2*p*, 3*p* und dem Grundzustand.

Das Wirkungsprinzip des Helium-Neon-Lasers (He-Ne-Laser) beruht auf dem Übergang der Elektronen aus dem Zustand 3*s* in den Zustand 2*p*, der eine orangerote Strahlung der Wellenlänge $\lambda = 632{,}8$ nm hervorruft. Der Übergang vom Energieniveau 3*s* auf das Niveau 3*p* vollzieht sich mit infraroter Strahlungsabgabe ($\lambda = 3{,}39$ µm), der Übergang von 2*s* auf 2*p* ($\lambda = 1{,}15$ µm) ist schwächer. Aus den angeregten Zuständen 2*p* und 3*p* gehen die Neonatome spontan in den metastabilen Zustand 1*s* und von dort infolge der Energiediffusion durch die Röhrenwände in den Ausgangszustand über. Deshalb ist die Strahlungsleistung umgekehrt proportional dem Radius der Gasentladungsröhre.

Der heute meistverbreitete Gaslaser, der He-Ne-Laser, besitzt unterschiedliche Konstruktionslösungen: Außen- und Innenspiegellaser. Im Bild 1.2 ist der prinzipielle Aufbau des Außenspiegellasers gezeigt. Die Grundelemente bestehen aus dem Gasentladungsrohr *4*, an dessen Stirnflächen sich die Austrittsfenster *1* befinden. Der optische Resonator wird aus dem undurchlässigen Hohlspiegel *2* und dem teildurchlässigen Planspiegel *3* gebildet. Die Stromzufuhr erfolgt von der Spannungsquelle *5* auf die Anode und Katode. Das Gasentladungsrohr ist aus Glas oder Quarz gefertigt. Zur Verringerung von Reflexionsverlusten befinden sich an den Ausgangsöffnungen sogenannte Brewster-Fenster unter dem Winkel φ zur Resonatorachse, wobei $\tan \varphi = n$ der Brechungsindex des Fenstermaterials ist. Diese lassen nur Licht einer bestimmten Schwingungsrichtung verlustfrei durch. Das aktive Medium im Helium-Neon-Gasgemisch stellen die neutralen Atome des Neons dar. Auf die Katode wird eine geringe Heizspannung von 8 V gegeben, aber zwischen Anode und Katode wird ein Gleichstrom durch eine Spannung von 800 ... 900 V erzeugt.

Von der Spiegelkonfiguration und -qualität hängen sowohl die geometrischen als auch die energetischen Parameter der Laserstrahlung ab, die Spiegelflächen sind mehrschichtig (teilweise mehr als 15 Schichten) mit dielektrischen Materialien wie Kryolit, Zinksulfid, Germanium u. a. belegt und besitzen einen Reflexionskoeffizienten $> 98\%$. Bei Lasern für bau- und vermessungstechnische Zwecke werden für Resonatoren meist halbsphärische Spiegel benutzt.

Außenspiegellaser senden eine linear polarisierte Strahlung aus. Ihre Vorteile liegen in der geschlossenen Anordnung der Bauelemente im Resonator, die Nachteile in hohen Strahlungsverlusten. Bei Innenspiegellasern wird eine unpolarisierte Strahlung ausgesandt. Sie haben den Vorteil geringerer

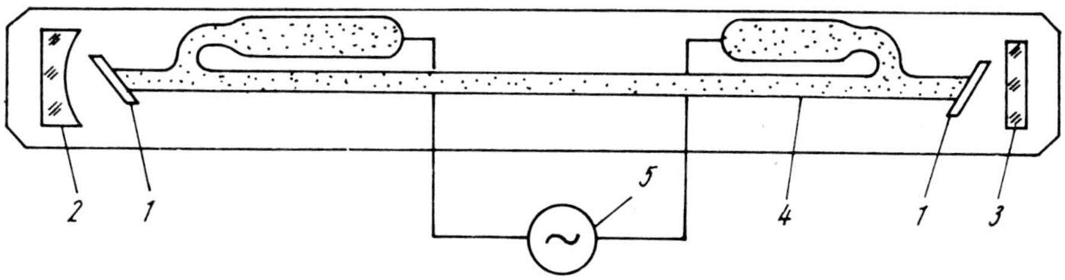

Bild 1.2. Grundaufbau des He-Ne-Gaslasers

Resonatorverluste, müssen aber sehr stabil gebaut sein, weil die Gefahr der Spiegelzerstörung durch die Stöße der Gasatome besteht.
Im Bild 1.3 ist das Laserrohr gezeigt, welches im LFG 1 des VEB Carl Zeiss JENA enthalten ist. Es handelt sich dabei ebenfalls um einen He-Ne-Laser mit Außenspiegeln. Einige wichtige Daten: Strahlleistung 0,8 mW, $\lambda = 632{,}8$ nm, Länge 250 mm, Betriebsspannung 12 V, Leistungsaufnahme 20 W, Reichweite tags 0,5 km, nachts über 1 km, Lebensdauer 10000 h, Strahldurchmesser (ohne Optik) 0,9 mm, Strahldivergenz 0,5 mrad, Arbeitstemperaturbereich -25 bis $+45$ °C.

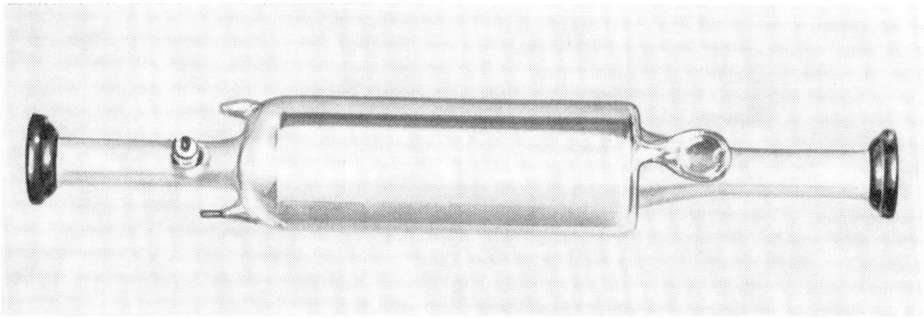

Bild 1.3. Laserrohr des LFG 1

Um Laser für vermessungs- und bautechnische Zwecke rentabel nutzen zu können, sollten sie folgende Bedingungen erfüllen:

1. Die Strahlungsleistung sollte mindestens 2 mW betragen.
2. Das Gerät sollte im Einmodenbetrieb arbeiten (d. h., im Resonator bildet sich nur eine stehende Welle aus).
3. Der Divergenzwinkel des aus dem Kollimator austretenden Laserstrahls muß in der Größenordnung 15 ... 20″ liegen.
4. Die Strahlung sollte eine Wellenlänge im sichtbaren Bereich besitzen und durch die Atmosphäre nur minimal beeinflußt werden.
5. Die Abmessungen und die Masse des Lasergeräts sollten den Werten herkömmlicher Theodolite und Nivellierinstrumente entsprechen.
6. Der Strahler muß demontierbar und die Konstruktion des Resonators mechanisch unempfindlich sein.
7. Die Funktionsdauer des Arbeitsmediums und der Spiegelbeschichtung muß einen zuverlässigen Geräteeinsatz von 5000 ... 10000 Stunden unter Feldbedingungen sicherstellen.
8. Die Stromzuführung zum Laser sollte sowohl vom Netz als auch von einer Batterie aus möglich sein.

In der UdSSR wurden als erste serienmäßig gebaute Laser für ingenieurgeodätische und baumeßtechnische Arbeiten die Laser LG 56 und OKG 13 eingesetzt. Beim LG 56 handelte es sich um ein kleinformatiges Gerät, dessen Leistungsbedarf ($<$ 60 W) einem Akkumulator entnommen werden konnte. Die Funktionsdauer des aktiven Mediums war aber noch relativ gering, und die Ausgangsleistung von 2 mW wurde im Mehrmodenbetrieb

erreicht. Der Laser OKG 13 zeichnete sich bereits durch doppelte Lebensdauer und Einmodenbetrieb aus. Für Arbeiten im Hafenbau wurde der Laser LG 75 entwickelt, der eine Strahlungsleistung von 25 mW aussandte. Die Länge des Laserrohrs betrug 1080 mm. Die ungewöhnlich hohe Strahlungsleistung gestattete sichtbare Richtungsangaben für die Schiffahrt und die Baggerung von Fahrtrinnen über mehrere Kilometer.
Die unbefriedigende Lebensdauer von He-Ne-Lasern ist von der Änderung der prozentualen Anteile von Helium und Neon am Gemisch im Gasentladungsrohr abhängig, die Leistungsverminderung sowie das Aussetzen der Strahlungserzeugung mit sich bringt und ihre Ursache in der Diffusion des Heliums durch die Rohrwandung auch zu Zeiten der Betriebsruhe des Gerätes hat. Die Regenerierung erfolgt in einer Spezialkammer, die mit Helium gefüllt ist und in die das Laserrohr einen oder mehrere Tage gelegt wird. Mit dieser Methode sind eine Reihe von He-Ne-Lasern regeneriert worden. So wies beispielsweise ein Laser L 120 der Firma Spectra-Physics (USA) nach 6jährigem Betrieb nur noch eine Strahlungsleistung von 0,55 mW anstelle 2 ... 3 mW auf. Nach dreitägiger Lagerung in der Heliumkammer stieg die Strahlungsleistung wieder auf 5 mW an. Beim Laser L 195 fiel nach einem Jahr die Strahlung von 2 mW auf 1,5 mW ab, jedoch nach 18stündiger Regenerierung in der Heliumkammer betrug die Strahlungsleistung wieder 5 mW.

1.2. Optische Systeme für die Laserstrahlbündelung

Die Verwendung des Laserstrahls als Bezugslinie bzw. -ebene innerhalb geodätischer Meß- und Kontrolltechnologien setzt ein möglichst zylindrisches Lichtbündel mit konstantem Strahlquerschnitt längs der Meßstrecke sowie eine hohe Lichtintensität voraus. Im Gegensatz zur Strahlung herkömmlicher Lichtquellen, die sich nach den Gesetzen der geometrischen Optik ausbreiten, erfolgt die Ausbreitung der Laserstrahlen nach dem Gesetz der Gaußschen Strahlenoptik. Diese Sondereigenschaften lassen sich durch den Strahlparameter α_0

$$\alpha_0 = \frac{\pi \cdot w_0^2}{\lambda} \tag{1.1}$$

ausdrücken, wobei λ die Resonanzwellenlänge des Lasers (Farbe) und w_0 den Radius des Gaußschen Strahls — auch Strahltaille genannt — darstellt. Der Strahlparameter α_0 bezieht sich hier nur auf den transversalen Grundmodus TE_{Mod}; bei Betrachtung der Moden höherer Ordnung ergibt sich ein größerer Strahlparameter.
Die Ausbreitung der Laserstrahlung erfolgt nach folgenden Gesetzmäßigkeiten (Bild 1.4):

$$w(z) = w_0 \left[1 + \left(\frac{\lambda \cdot z}{\pi \cdot w_0^2}\right)^2\right]^{\frac{1}{2}} \tag{1.2}$$

$$R(z) = z \left[1 + \left(\frac{\pi \cdot w_0^2}{\lambda \cdot z}\right)^2\right]^{\frac{1}{2}} \tag{1.3}$$

Darin bedeuten z die Koordinate in Ausbreitungsrichtung mit dem Ursprung z_0 in der Lasertaille w_0, $R(z)$ den Phasenfrontradius des Lichts und $w(z)$ den Radius der Laserstrahlung im Abstand z vom Laser. Das aus dem Laserresonator austretende Licht erfüllt ein einschaliges Rotationshyperboloid, das sich im Fernfeld einem Kegel mit dem halben Öffnungswinkel (Divergenzwinkel Θ) annähert:

$$\Theta = \frac{\lambda}{\pi \cdot w_0} \tag{1.4}$$

Der Divergenzwinkel Θ der Laserstrahlung ist daher bei gegebener Wellenlänge λ nur von der Größe der Strahltaille w_0 abhängig und liegt in der Größenordnung $\leq 0{,}5$ mrad (30 mgon). Die Abmessungen der Strahltaille w_0 als kleinste Einschnürung des Laserstrahls werden durch die geometrische Konfiguration des Resonators bestimmt. Je nach den verwendeten optischen Konstruktionsdaten haben die Laser unterschiedliche Taillen. Für Laserresonatoren, die mit einem Planspiegel sowie einem Spiegel mit dem Radius R ausgerüstet sind, erhält man bei einem Spiegelabstand d eine Strahltaille

$$w_0 = (R - d) \cdot \sqrt{\frac{d \cdot \lambda}{\pi}} \tag{1.5}$$

und für Laserresonatoren mit zwei Spiegeln, deren Radius R nach innen geht, wird

$$w_0 = \left(R - \frac{d}{2}\right) \cdot \sqrt{\frac{d \cdot \lambda}{\pi}} \tag{1.6}$$

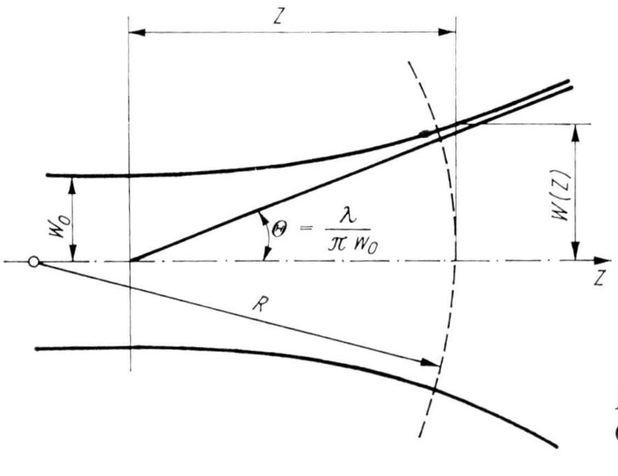

Bild 1.4.
Gaußsche Strahlgeometrie

Bei den in geodätischen Geräten und Baulasern verwendeten He-Ne-Lasern nimmt die Strahltaille Werte der Größenordnung $w_0 = 0{,}3 \ldots 0{,}5$ mm an (LG 56: $w_0 = 0{,}32$ mm, LG 75 und LF 1: $w_0 = 0{,}44$ mm). Mit wachsendem Abstand z von der Lasertaille w_0 vergrößert sich der Laserstrahldurch-

messer $w(z)$ nach Gl. (1.2) ständig, während die Leistungsdichte stark abnimmt.
Die Intensitätsverteilung kann durch ein Gaußsches Profil beschrieben werden, d. h., die Intensität $I(r)$ der Laserstrahlung klingt in Ebenen senkrecht zur Ausbreitungsrichtung nach einer Gaußschen Normalverteilung mit zunehmendem Abstand r von der Achse senkrecht zur Ausbreitungsrichtung ab (Bild 1.5):

$$I(r) = I_0 \cdot \exp\left(-\frac{2r^2}{w^2(z)}\right) \tag{1.7}$$

Es ist üblich, den Durchmesser der Gaußverteilung durch den Wert des Radius r_n zu kennzeichnen, bei dem die Intensität I_0 auf den Anteil e^{-2} abgesunken ist. Man erhält dann für den Radius

$$r_n = w_n(z) \tag{1.8}$$

und mit $2 \cdot w_n(z)$ den Durchmesser des Lichtbündels, an dessen Rand die Intensität auf den Teil 1/7,389 abgeklungen ist.
Bei Verwendung von Laserstrahlen für Meßzwecke wirken sich die Verbreiterung des Strahlquerschnitts nach Gl. (1.2) sowie die Abnahme der Leistungsdichte auf der Achse in Abhängigkeit von der Entfernung störend aus. Zur Messung in einem bestimmten Entfernungsbereich ist ein konstanter Strahldurchmesser bzw. eine maximale Leistungsdichte erforderlich. In der Praxis werden zur Verringerung der Strahldivergenz optische Systeme (Kollimatoren) mit variablen Vergrößerungsfaktoren Γ verwendet. Nach Gl. (1.4) erreicht man die Verringerung der Strahldivergenz Θ durch Vergrößerung der Strahltaille w_0; hierzu werden im allgemeinen Teleskope mit variablen Vergrößerungsfaktoren benutzt.
Im Bild 1.6 ist die prinzipielle Wirkungsweise eines Teleskops dargestellt. Dabei werden zwei bikonvexe Linsen in der gezeigten Form vor einen Laser gebracht, und es vergrößert sich der Strahldurchmesser im Verhältnis der beiden Brennweiten f_1 und f_2 der Linsen L_1 und L_2 bzw. es verkleinert

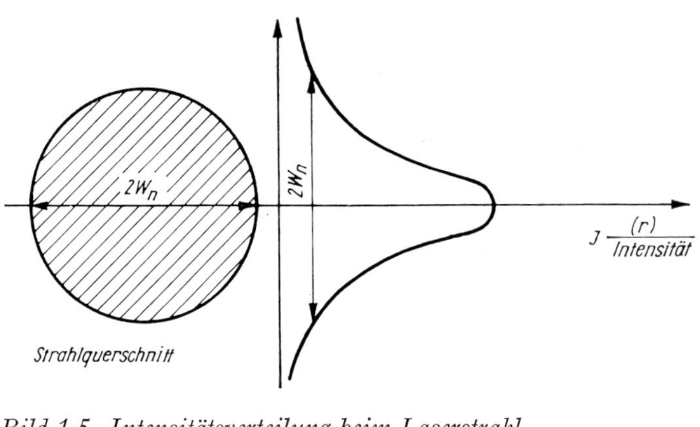

Bild 1.5. Intensitätsverteilung beim Laserstrahl

sich der Divergenzwinkel Θ. Man erhält aus der Proportion

$$\frac{w_0}{w_0'} = \frac{f_1}{f_2}$$

die Lasertaille w_0' nach der optischen Abbildung durch das Teleskop mit der Vergrößerung Γ

$$w_0' = w_0 \cdot \frac{f_2}{f_1} = w_0 \cdot \Gamma. \tag{1.9}$$

Mit den Gln. (1.4) und (1.9) läßt sich die Strahlendivergenz Θ' des Laserstrahls nach der optischen Abbildung durch das Teleskop berechnen:

$$\Theta' = \Theta \cdot \frac{f_1}{f_2} = \frac{\Theta}{\Gamma}. \tag{1.10}$$

Das Teleskop verringert den Divergenzwinkel des Laserstrahls um den Aufweitungsfaktor Γ, der der Vergrößerung des Teleskops entspricht und den Strahldurchmesser um den Faktor Γ größer werden läßt. Bild 1.7 zeigt die Strahlaufweitung bei der Wellenlänge $\lambda = 632{,}8$ nm des He-Ne-Lasers für verschiedene Vergrößerungsfaktoren Γ der verwendeten Teleskope und eine Strahltaille $w_0 = 0{,}5$ mm.

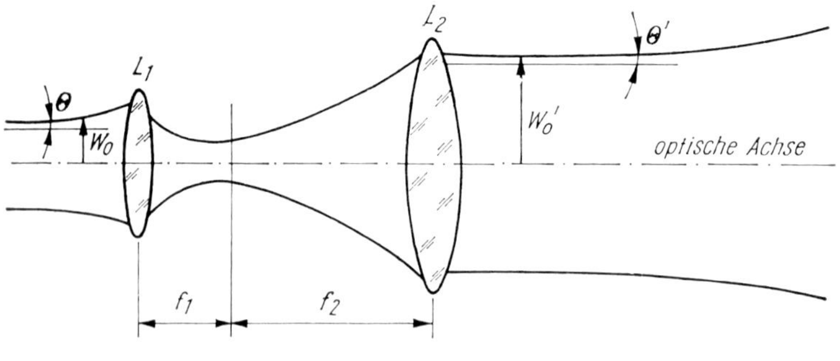

Bild 1.6. Strahlengang durch ein Teleskop

1.3. Lasernivelliere

Lasernivellierinstrumente sind für die Messung von Höhenunterschieden sowie für die Übertragung von Soll-Höhen bei der Ausführung ingenieurgeodätischer Arbeiten im Hoch- und Tiefbau bestimmt. Dem Instrument liegt das Prinzip der Erzeugung eines horizontalen visuell erkennbaren Strahls zugrunde, der als Bezugslinie für die unmittelbare Messung von Höhenunterschieden dient. Im Lasernivellier wird entweder der Laserstrahl durch die optische Fernrohrachse ausgerichtet, oder der Lasergenerator mit seinem Kollimator ist auf dem Fernrohr bzw. anstelle des Fernrohrs vorhanden (Tafel 1.1). Die Achslinie, die durch die Mittelpunkte des kreisförmigen Querschnitts eines ausgesandten Laserstrahls gebildet wird, be-

zeichnet man als Laserstrahlachse. Die Methoden zur Lagebestimmung der Laserstrahlachse werden im Abschn. 3.5. behandelt.
Bezogen auf die Möglichkeiten der Realisierung der Horizontallage des Laserstrahls, können die Lasernivelliere in Instrumente mit Libelle und in solche mit Selbsthorizontierung (Kompensator) eingeteilt werden. Vorzugsweise erhalten optische Nivelliere einen Laseraufsatz, wobei der Laserstrahl über ein Prismensystem in die horizontierte Fernrohrachse geleitet wird. Es existieren aber auch Konstruktionsformen, bei denen die Horizontierung und das Aussenden des Strahls direkt durch den Aufsatz bewirkt wird. Weiterhin gibt es Lasernivelliere, die die Kompensation der Strahlneigung in die Horizontale nicht durch Pendelwirkung, sondern auf fotoelektrischer Basis bewirken.
Zusätzlich zu den traditionellen Konstruktionsprinzipien der Nivelliergeräte ermöglichte die Verwendung des Lasers neue Lösungen. Wenn man den Laserstrahl horizontal auffächert, so entsteht eine horizontale Ebene, die als nivellitischer Bezug für eine Fläche dienen kann, wobei die gleichzeitige Verwendung mehrerer Latten möglich ist. Die Auffächerung kann sowohl optisch durch Einschaltung von Zylinderlinsen in den Strahlengang des Lasernivelliers als auch mechanisch durch Umlenkung des Laserstrahls mittels rotierender Prismen in Rotationslasern (s. Abschn. 1.5.) erfolgen.
Da Laserfluchtungsgeräte und Rotationslaser zwar auch horizontale Linien bzw. Ebenen erzeugen, dabei aber andere Prinzipien für die Meßtechnolo-

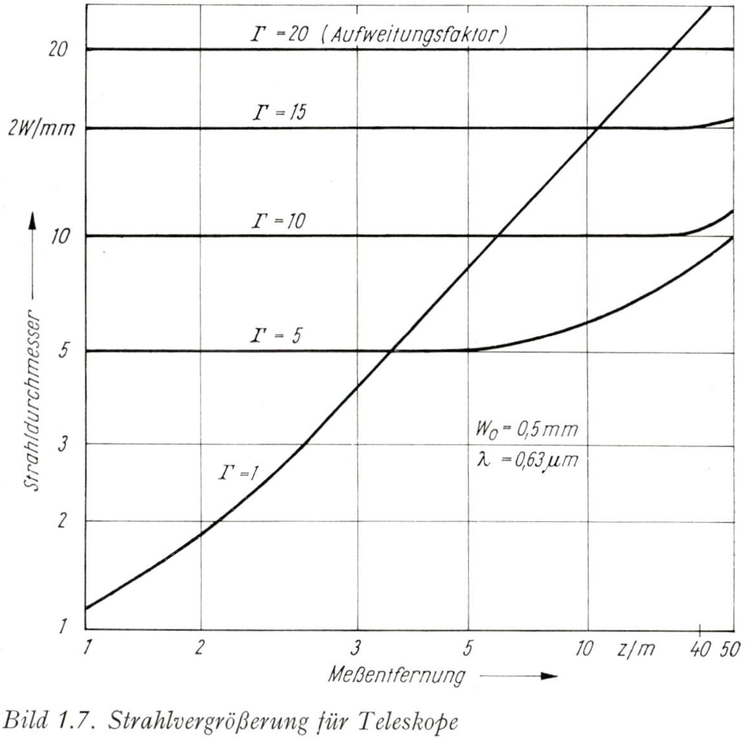

Bild 1.7. Strahlvergrößerung für Teleskope

gien gelten, werden sie in gesonderten Abschnitten (1.4. und 1.5.) dargestellt. Die Instrumente, bei denen die Horizontallage der Laserstrahlachse mit Libellen realisiert wird, gliedern sich in Lasernivelliere, bei denen sich die Libelle am optischen Gerät, und solche, bei denen sie sich am Laseraufsatz befindet. Formiert das Fernrohr den Laserstrahl, so ist die Übereinstimmung von Laserstrahl- und Fernrohrachse herbeizuführen. In jedem Falle muß die Parallelität von Röhrenlibellen- und Laserstrahlachse realisiert sein, wenn der Laserstrahl horizontal ausgerichtet werden soll.
Die wichtigsten Baugruppen des Lasernivelliers bestehen in folgendem:

— Lasergerät zur Erzeugung des sichtbaren Strahls einschließlich Energiequelle (Netz, Batterie)
— optisches System zur Formierung des Laserstrahls mit einem möglichst kleinen Divergenzwinkel
— mechanische Vorrichtungen, die zur Einstellung des Laserstrahls in die Horizontallage dienen.

In der UdSSR wurde 1972 vom Autorenkollektiv das *Lasernivellier LN 56* (Prinzip in Bild 1.8) entwickelt. Als Lichtquelle ist der Laser LG 56 mit einer Strahlungsleistung von 2 mW in einem Gehäuse untergebracht und wird von einem Netzanschlußgerät bzw. einer Batterie gespeist. Der aus dem Laser unter einem Divergenzwinkel von 10′ austretende Laserstrahl gelangt in das Teleskopsystem, das als Kollimator eine Verringerung der Divergenz auf 24″ bewirkt. Mit einer Stellschraube kann der Strahl in der gewünschten Entfernung fokussiert werden. Der Kollimator besitzt Justierschrauben, die ermöglichen, die Richtung des aus dem Gerät austretenden Strahlenbündels zu verändern, aber auch die optische Achse des Kollimators mit der Laserstrahlachse in Übereinstimmung zu bringen. Mit dem Fernrohr auf dem Laser läßt sich die Lage des Laserlichtpunkts bei seiner Einrichtung auf dem Zielpunkt visuell beobachten. Justierschrauben dienen zur Herstellung der Parallelität von Fernrohr- und Laserstrahlachse. Die Röhrenlibelle ist am Lasergehäuse angebracht und bewirkt mit Hilfe der Kippschraube das Einrichten des Laserstrahls mit einem Ausgangsdurchmesser von 34 mm in die Horizontallage. Mit dem Gerät wurde bei einer Entfernung von 430 m der Höhenunterschied zweier Punkte mit der Genauigkeit $s = 2{,}1$ mm bestimmt. Die Ausbildung der Fernrohrlibelle am Lasernivellier als Koinzidenzlibelle gestattet die gleichzeitige Beobachtung von Libellenkoinzidenz, Zielpunkt sowie Laserstrahl, erleichtert die Gerätebedienung und erhöht die Sicherheit und Genauigkeit der horizontalen Laserstrahllage.
Bei Nivellierinstrumenten mit Laseraufsätzen ist der Laser abnehmbar auf dem Gerät befestigt. Bei vielen Konstruktionslösungen wird der Laserstrahl in das Nivellierfernrohr geleitet, das die Rolle des Kollimators übernimmt und somit Laserstrahl- sowie Fernrohrzielachse zusammenfallen. Aus Bild 1.9 ist ersichtlich, wie der Laser *1* auf dem Nivellier *3* befestigt ist und der aus dem Resonator austretende Laserstrahl über die Umlenkeinheit *2* in das Fernrohrokular gelangt. Im Fernrohr erfolgt die Verkleinerung des Divergenzwinkels des Laserstrahls, bevor dieser aus dem Objek-

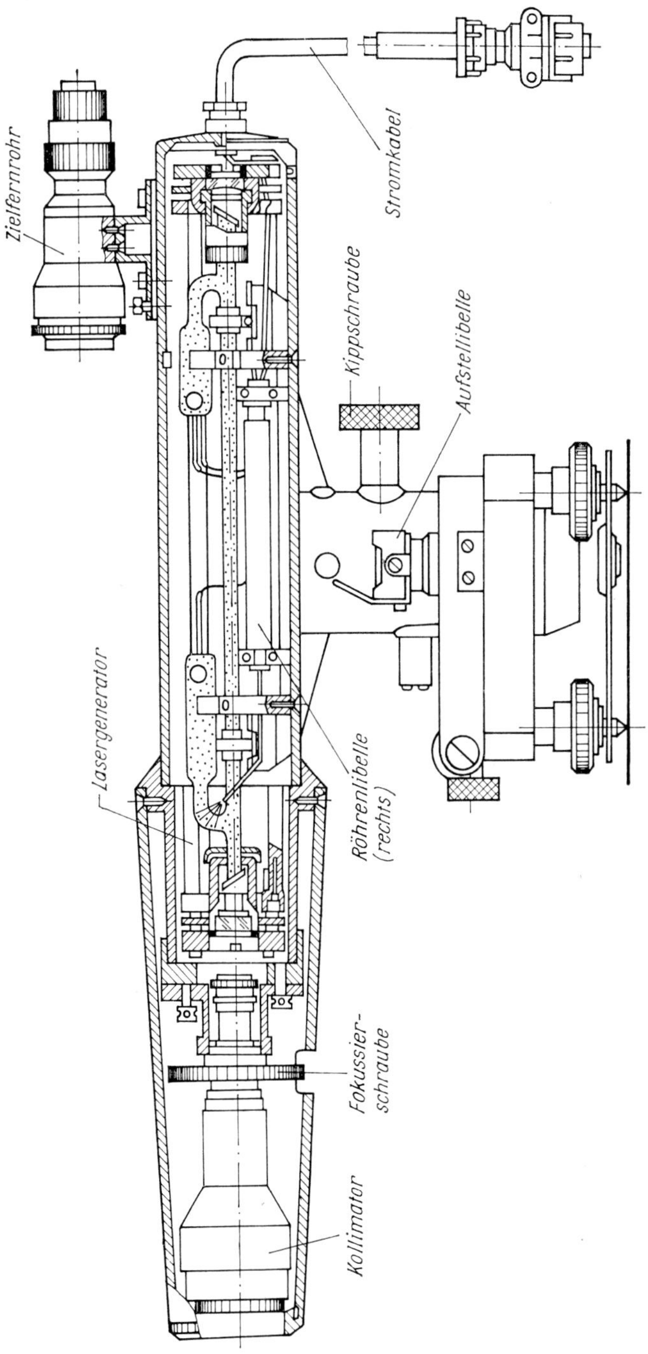

Bild 1.8. Aufbau des Lasernivelliers LN 56

tiv *4* austritt. Bei der konstruktiven Lösung der Umlenkeinheit können Spiegel, Prismen oder Lichtleitkabel verwendet werden. Das Lasernivellier Wild NAK 2 verwendet letzteres Konstruktionsprinzip. Hier ist das Okular mit einem Lichtteilungsprisma und flexiblem Lichtleitkabel zum Laser ausgerüstet.

Eine andere Variante ist die Anordnung des Lasers mit eigenem Kollimator auf dem Nivellier, wie sie Bild 1.10 zeigt. Dabei bilden Kollimator *2* und Lasergenerator *1* eine konstruktive Einheit, die als Aufsatz gegenüber dem Fernrohr so justierbar ist, daß die Parallelität zwischen Laserstrahl-, Ziel- und Libellenachse realisiert werden kann. Die Vorteile dieser Variante liegen darin, daß das Fernrohr des Nivellierinstruments für die Beobachtung der Lage des Laserpunkts weiter genutzt werden kann. Erscheint die Abbildung der Koinzidenzlibelle zusätzlich im Fernrohrgesichtsfeld, so hat der Beobachter ständig die Möglichkeit, die Lage der Libellenblase zu überprüfen.

Lasernivelliere mit selbsthorizontierendem Laserstrahl werden in unterschiedlichen Ausführungen hergestellt. Man unterscheidet Instrumente, bei denen aus dem Laseraufsatz der Laserstrahl in das Fernrohr des Nivellierinstruments mit Neigungskompensation geleitet wird, und Lasergeräte, auf denen ein kleindimensioniertes Kompensatornivellier angebracht ist. Außerdem sind Geräteentwicklungen als Labormuster bekannt, deren Horizontierungsprinzip auf fotoelektrischer Basis beruht, wobei die Einrichtung des Laserstrahls in die Horizontallage mit Hilfe einer elektronischen Libelle erfolgt.

Prinzipiell werden in Lasernivellieren mit Selbsthorizontierung die Kompensatoren von Nivellierinstrumenten mit optischem Zielstrahl genutzt. Dabei ist konstruktiv die Vereinigung des Lasers mit dem Kompensatornivellier in einem Gerät gelöst.

So wurde beispielsweise zu Beginn der 70er Jahre in der VR Polen das *Lasernivellier KP 2* in der Form geschaffen, daß man das Teleskop eines Lasers durch das Fernrohrsystem des Nivelliers Ni 025 ersetzte, das (bekanntlich) mit einem Pendelkompensator ausgerüstet ist. In Kanada orientierte man die Konstruktionslösung auf die Vereinigung eines Lasers mit dem Nivellier Ni 007, um die möglichen Zielweiten für Höhenübertragungen

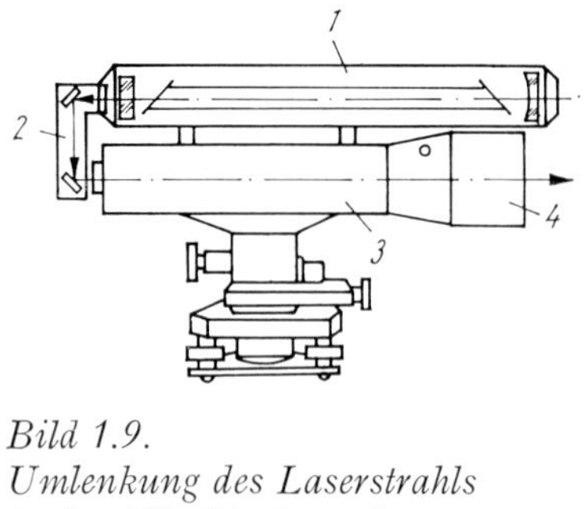

Bild 1.9.
Umlenkung des Laserstrahls in das Nivellierfernrohr

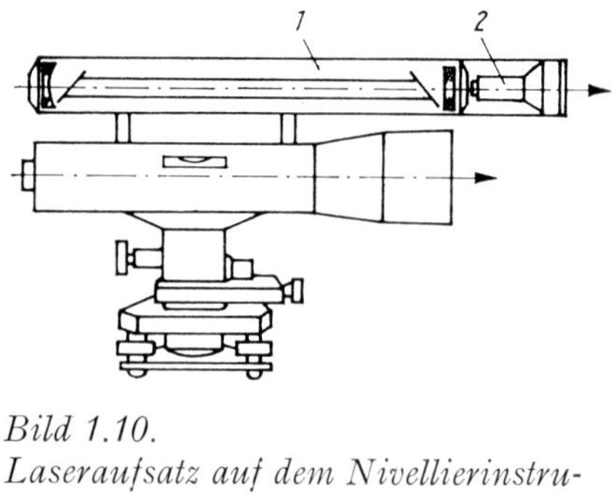

Bild 1.10.
Laseraufsatz auf dem Nivellierinstrument

bei einer Instrumentenaufstellung auf das Zwei- bis Dreifache zu erhöhen. Der Laser ist vertikal am Nivelliergehäuse befestigt, und sein Strahl gelangt nach Umlenkung in das Geräteokular, wo er an Stelle des optischen Zielstrahls durch das Kompensatorsystem horizontiert wird. Obgleich durch die optischen Bauteile des Nivelliers etwa 70% der Strahlungsenergie absorbiert wurden, war die Reststrahlung noch ausreichend, um mit Hilfe eines Fotodetektors an der Nivellierlatte Höhenübertragungen über einen Fluß (700 m Entfernung) mit einer Standardabweichung $s = 3{,}1$ mm rationell vorzunehmen.

Andere Konstruktionslösungen verfolgten das Ziel, ein *fotoelektrisches Lasernivellier* zu schaffen, das für die Bestimmung von Höhenunterschieden mit 0,1 mm Genauigkeit geeignet ist. Das Umlenkprinzip des Laserstrahls in die Horizontallage besteht in der Nutzung eines Quecksilberhorizonts innerhalb des Geräts, der selbsttätig die Horizontallage realisiert. Die Horizontalität des Zielstrahls wird durch Übereinstimmung der direkten Projektion des Strichkreuzes mit der Abbildung nach Reflexion am Quecksilberhorizont erreicht. Wegen Vibrationsempfindlichkeit und Oxydationsanfälligkeit des Quecksilbers wurde diese Lösung in der Praxis wenig angewendet. Im fotoelektrischen Lasernivellier wurde auf der Quecksilberoberfläche ein Spiegel schwimmend gelagert. Im Instrument (Bild 1.11) ist der Laser mit Kollimator vertikal über dem Spiegel angeordnet. Das Teilungsprisma läßt einen Teil des fokussierten Strahls geradlinig zum Spiegel durch, wo er reflektiert wird und auf den Fotodetektor mit Indikator trifft; bei exakt mittiger Lage des Laserstrahls zeigt der Indikator die Nullstellung an. Wenn diese Nullstellung durch Lageveränderung des Lasers erreicht ist, befindet sich das Gerät in Arbeitsbereitschaft, und der austretende Laser-

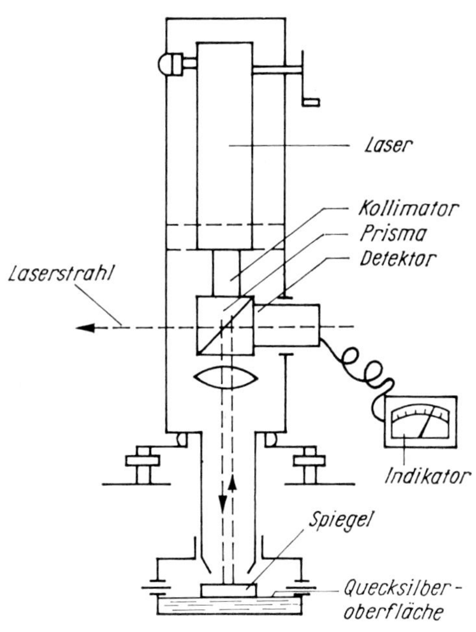

Bild 1.11. Prinzip des fotoelektrischen Lasernivelliers

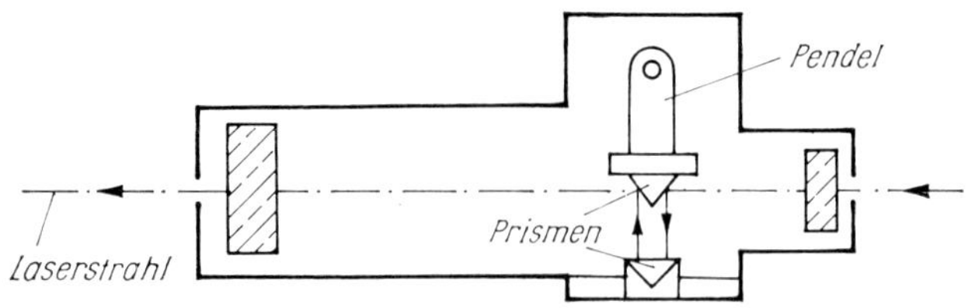

Bild 1.12. Horizontierung beim Lasernivellier Gradomat

strahl ist horizontal. Durch den im Labormuster eingebauten Fotodetektor konnte die Achslage des Laserstrahls mit einer Genauigkeit von 0,002 mm registriert werden. Bei Verwendung des Geräts für Präzisionsmessungen im Industriebau verspricht man sich eine Horizontierung des Laserstrahls mit 0,13″ Genauigkeit, wodurch Höhenübertragungen mit $s < 0{,}05$ mm bei 50 m Zielweite möglich werden.

Bild 1.12 zeigt das Funktionsprinzip des *Lasernivelliers Gradomat IV* der Firma Micro-Grade (USA), welches in der Praxis Verbreitung fand. Die Horizontierung des erzeugten Laserstrahls erfolgt mittels eines Pendelprismas, das über einem fest am Gehäuse angebrachten Prisma aufgehängt ist. Danach verläßt der horizontierte Laserstrahl durch die Ausgangsoptik das Gerät. Das Gerät kann mittels verstellbarer Dreipunktauflagerung überall aufgestellt werden, und es ist mit einer Digitalanzeigevorrichtung die Einstellung von Soll-Neigungen im Bereich von +30 bis −10% möglich. Der Hersteller gibt als technische Daten eine Ausgangsleistung von 2 mW, eine Reichweite von 250 m, eine Einstellgenauigkeit von ±0,1% sowie eine Masse von 14 kg an.

Tafel 1.1. Klassifikation von Lasergeräten

Parameter	Laser-nivellier	Laser-fluchtungs-gerät	Laser-theodolit	Rotations-laser	Laser-lotgerät
A. Anordnung					
1. Strahlrohr mit aufgestecktem Fernrohr	×	×	×		×
2. Fernrohr mit aufgestecktem Strahlrohr	×		×		
3. Laserauf- bzw. vorsatz	×		×		×
B. Horizontierung					
1. Libelle	×	×	×	×	×
2. Kompensator	×	×		×	×
3. fotoelektrisch	×				×

Fortsetzung von Tafel 1.1.

Parameter	Laser-nivellier	Laser-fluchtungs-gerät	Laser-theodolit	Rotations-laser	Laser-lotgerät
C. Kollimation					
1. eigenes Teleskop	×	×	×	×	×
2. Umlenkung ins Zielfernrohr	×		×		×

Tafel 1.2. Leistungsparameter von Lasergeräten (Auswahl)

Gerät	Ausgangs-leistung mW	Strahl-durchmesser bei Austritt mm	Masse kg	Reich-weite m	Genauig-keit mm/m
1. **Lasernivelliere**					
LN 56 (UdSSR)	2	34	5	< 400	2/400
Gradomat IV (USA)	2		14	250	
2. **Laserfluchtungsgeräte**					
LV 5 (UdSSR)	0,5	34	5,8	200	4/200
RK 3 (USA)	1	10		200	1/100
LFG 1 (DDR)	0,8	20	9,5	500	
3. **Rotationslaser**					
Geoplane 300 (Schweden)	1,5		8	250	2/60
SL 944 (USA)			6,8	300	1,5/30
PML 1 (UdSSR)			5	150	3
4. **Lasertheodolite**					
LT 75 (UdSSR)	30	64	56	5000	10/1000
LT 56 (UdSSR)	2	34	5	500	2/500
LT 3 (USA)	5	16	9	3000	
LG 68 (BRD)	1	16	8,3		5/100
5. **Laserlote**					
LL 132 (BRD)	1	11		200	5

1.4. Laserfluchtungsgeräte

Bei der Weiterentwicklung der Lasernivelliere wurden konstruktive Möglichkeiten gefunden, um die Zielachse des Instruments in bestimmten Bereichen neigen zu können. So läßt sich zusätzlich zur horizontalen auch eine geneigte Bezugsachse für meß- und bautechnische Arbeiten im Gelände bzw. auf der Baustelle realisieren [9]. Schon die ersten Labormuster erbrachten in ihrer technologischen Anwendung eine Reihe von Vorteilen gegenüber der Verwendung geodätisch-optischer Nivellierinstrumente und rechtfertigten die Inangriffnahme der industriellen Herstellung von Laserfluchtungsgeräten. In der UdSSR ist das *Laserfluchtungsgerät LV 5* (Bild 1.13) entwickelt worden, das konstruktiv den Anforderungen der Feldbedingungen an ein geodätisches Gerät gerecht wird. Das Gerät ist für Nivellementsarbeiten, Vorgabe und Absteckung von Fluchtlinien sowie Lage- und Höhenkontrolle beim Einsatz von Baumaschinen geeignet und kommt mit seinem aktiven Laserstrahl der Automatisierung von Meßprozessen entgegen. Im Gerät ist ein He-Ne-Laser mit einer Ausgangsleistung von 0,5 mW verwendet worden, dessen Strahlenbündel beim Austritt aus dem Resonator eine Divergenz von 10′ besitzt, die durch das Teleskop auf 25″ reduziert wird. Die Reichweite beträgt bei visueller Ortung maximal 200 m, während man sie bei Verwendung elektrooptischer Empfänger auf 1000 m steigern kann. Es wurde eine Messungsgenauigkeit von ± 4 mm erreicht.

Das Gerätesystem läßt sich unter einem Winkel von $\pm 15°$ gegenüber der Horizontalen neigen und kann um seine Stehachse in jede beliebige Richtung gedreht werden. Es ist bei Lufttemperaturen von $+40\,°C$ bis $-20\,°C$ einzusetzen, und die Betriebszeit des Lasers beträgt mehr als 1000 Stunden. Die Stromzuführung erfolgt entweder vom Netz oder aus einer Batterie. Die Gerätemasse beträgt 5,8 kg, die des Batterieblocks 6 kg.

Aus Bild 1.13 sind der Laser *1*, das Fernrohr *2*, der Fernrohrträger *4* mit den Feintriebschrauben und der Dreifuß *5* mit den Fußschrauben zu er-

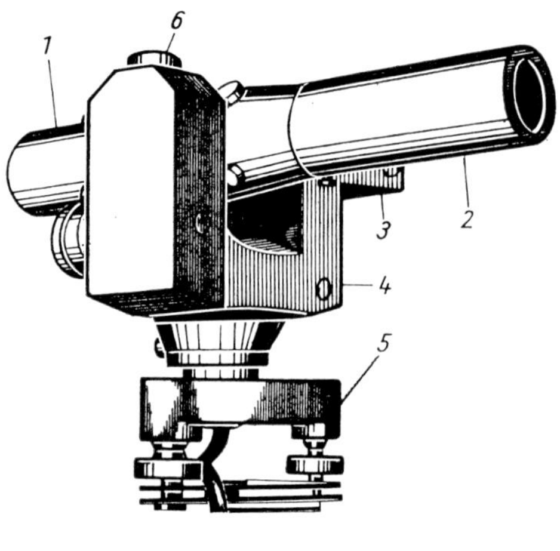

Bild 1.13. Laserfluchtungsgerät LV 5

kennen. Das Stromzuführungskabel wird über die Umdrehungsachse in das Gerät geführt. Mittels Justierschrauben läßt sich die Laserstrahlachse mit der optischen Fernrohrachse so in Übereinstimmung bringen, daß sich die beiden Achsen mit der Steh- und Kippachse des Geräts in einem Punkt schneiden. Die Fokussierschraube des Fernrohrs ist durch die Geräteverkleidung verdeckt.

Das Gerät wird mit der Dosenlibelle *6* grob und mit einer Koinzidenzlibelle *3* feinhorizontiert. Das Lasersystem läßt sich meßbar durch zwei Mikrometerschrauben in der Vertikalen neigen und in der Horizontalen drehen.

Von der Firma Spectra-Physics (USA) ist für Nivellementsarbeiten sowie für das Absetzen gegebener Richtungen und Neigungen das *Lasergerät RK 3* (Bild 1.14) entwickelt worden, dessen Horizontierung durch eine Röhrenlibelle realisiert wird. Auf dem Bild ist das Spezialstativ für die Geräteaufstellung beim Ausheben schmaler Rohrgräben zu sehen. Die Strahlungsleistung des He-Ne-Lasers beträgt 1 mW bei 10000 Betriebsstunden. Die zugehörige Batterie ist so ausgelegt, daß sie für 36 Stunden ununterbrochenen Gerätebetrieb ausreichend ist. Der Laserstrahl hat einen Austrittsdurchmesser von 10 mm und bei der maximalen Reichweite von 200 m einen Durchmesser von 20 mm. Vorgegebene Neigungswinkel lassen sich an einer Skale mit Prozentteilung auf 0,001 % (1 mm auf 100 m) genau einstellen. Die Gerätekonstruktion ist robust für Baustellenbedingungen ausgelegt. An der Vertikalstange, die mit einer Dosenlibelle lotrecht gestellt wird, läßt sich das Gerät in die notwendige Arbeitshöhe bringen, wobei die Stabilität durch eine Grundplatte, die auf dem Boden aufgelagert wird, gewährleistet ist. So kann die Aufstellung unter Normalbedingungen auf dem Stativ und unter schwierigen Baustellenbedingungen (Rohrverlegungen in Gräben) mit der Vertikalstange vorgenommen werden. Beim Einsatz für Rohrverlegungsarbeiten konnte dort die Genauigkeit wesentlich erhöht und die Arbeitsproduktivität der Bauarbeiten um 20 ... 50% gesteigert werden.

Im Bau- und Vermessungswesen der DDR wurde das *Laserfluchtungsgerät LFG 1* (VEB Carl Zeiss JENA) Ende der 70er Jahre eingeführt und fand

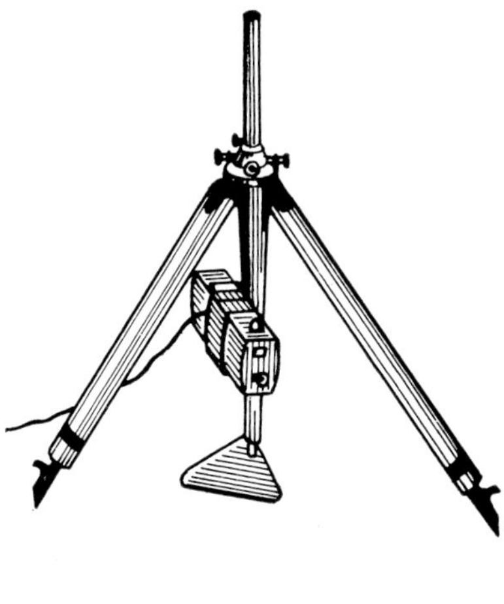

Bild 1.14. Laserfluchtungsgerät RK 3

entsprechende Anwendung [17]. Das Gerät und sein Aufbau sind aus Bild 1.15 ersichtlich. Auf einen normalen Theodolitdreifuß kann der Steckzapfen des Geräts austauschbar aufgesetzt werden. Auf dem Unterteil ist kippbar in einem Neigungsbereich von $\pm 10\%$ eine komplexe Baueinheit gelagert, die den Gaslaser (Ausgangsleistung $\geqq$ 0,8 mW, Lebensdauer etwa 10000 h), den Elektronikteil, das Sucherfernrohr (Vergrößerung $\Gamma = 18\times$), die Röhrenlibelle (20″-Teilung) und den Kollimator (Vergrößerung wahlweise $\Gamma = 30\times$ oder $\Gamma = 15\times$) aufnimmt. Die Stromversorgung des Geräts erfolgt entweder über das Netzgerät NG 12-3 oder eine 12-V-Batterie. Der Laser kann mittels einer Meßschraube gegenüber der Horizontalen geneigt werden. Im Bereich von $\pm 10\%$ wird bei einem Teilungsintervall von 0,01 % mit Schätzung eine Einstellgenauigkeit von $\pm 10''$ erreicht. Für die Seitenorientierung dient ein Horizontalkreis, der eine Teilungseinheit von 1 gon und eine Schätzgenauigkeit von 0,2 gon besitzt. Der Hersteller hat für das 9,5 kg schwere Gerät einen Arbeitstemperaturbereich von $-25\,°C$ bis $+45\,°C$ angegeben. Beim Einsatz wird das Instrument auf einem Stativ aufgestellt, und bei Präzisionsmessungen ist der Laser mindestens 30 Minuten vor Messungsbeginn einzuschalten. Die Zentrierung über dem Bezugspunkt kann wahlweise mit einem einsetzbaren optischen Lot, Schnurlot oder Zentrierstock durchgeführt werden. Danach erfolgt die Horizontierung mit Dosen- und Röhrenlibelle analog wie beim optischen Theodolit. Für jede Laserstrahlorientierung ist zuerst die Einstellung der gewünschten Neigung an Grob- und Feinskale und danach die Seiteneinstellung am Horizontalkreis vorzunehmen. Das Beobachtungsfernrohr dient der Kontrolle der Lage des Laserstrahls bei seiner Abbildung im Zielpunkt. Das Gerät ist mit vielseitig einsetzbarem Zubehör ausgestattet. Zur Ortung des Laserstrahls dienen Durchlicht- und Auflichtzieltafeln, die in Verbindung mit Dreifuß, Fluchtstangen- oder Handhalterungen verwendet werden können. Durch eine Lochblende (⌀ 7 mm) können konzentrische Beugungs-

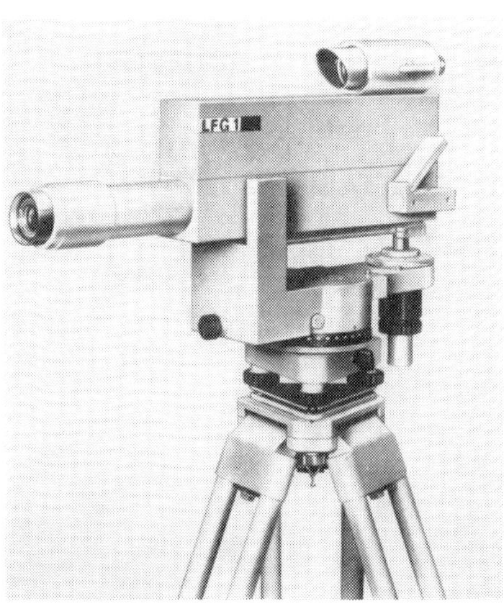

Bild 1.15. Laserfluchtungsgerät LFG 1

ringe zur Erhöhung der Ortungsgenauigkeit erzeugt werden. Zum Auffächern des Laserstrahls in Sektoren einer Horizontal- oder Vertikalebene dient ein Satz von 6 Zylinderlinsen (Brennweiten 62,5 ... 2500 mm), die in Bild 1.16 gezeigt sind und mit denen Sektorenwinkel in den Breitenverhältnissen 1 m ... 20 m auf 100 m Zielweite erzeugt werden. Zwischen Gerät und Dreifuß kann eine Vertikalverstelleinrichtung eingesetzt werden, wodurch das Gerät im Meßbereich von 50 mm mit einer Genauigkeit von 0,1 mm höhenmäßig verändert werden kann.

Vom Hersteller wird außer dem LFG 1 das einfachere *Laserfluchtungsgerät LF 1* geliefert (Bild 1.17), welches ohne Neigungsmeßeinrichtung direkt in den Dreifuß eingesetzt wird. Der Laserstrahl kann durch Verstellen der Dreifußschrauben auf eine bereits vorhandene Zielmarke am anderen Ende der Fluchtlinie ausgerichtet werden. Die Gerätemasse ist gering und beträgt nur 4,6 kg, es findet z. B. als Laserquelle beim Kranbahnkontrollmeßsystem NIVEMAT Verwendung.

Das Laserfluchtungsgerät LFG 1 hat eine Einstellgenauigkeit mit Zieltafelverwendung von $\sigma = 1$ mm auf 100 m Zielweite. Seine Reichweite wird bei Verwendung der Durchlichtzieltafel mit 0,5 km am Tage und 1 km nachts angegeben. Das Gerät konnte erfolgreich für Achs- und Höhenangaben bei der Kranbahnmontage, bei der Errichtung von Stahlhochbauten (Hoch-

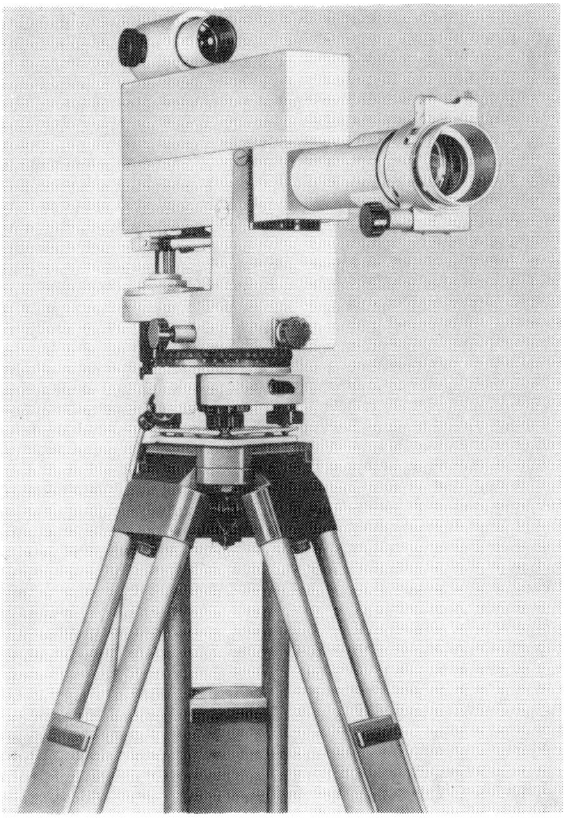

Bild 1.16. Zylinderlinsenvorsatz beim LFG 1

Bild 1.17. Laserfluchtungsgerät LF 1

regallager), für Schwingungsmessungen an Turmbauten sowie im Ingenieurtiefbau, Bergbau, Verkehrsbau u. a. eingesetzt werden. Da vom Hersteller kein elektrooptischer Empfänger für die Ortung des Laserstrahls geliefert wird, empfiehlt sich die Verwendung des LFG 1 besonders dort, wo der Einfluß des Tageslichts (Hallen, Nachtmessung) gering ist.

Aus der Schweiz stammt das Laserfluchtungsgerät *Baulaser VSE 20,* das für Höhenmessungen auf Baustellen bestimmt ist (Bild 1.18). Die am Lasergehäuse angebrachte Röhrenlibelle *4* realisiert die Horizontierung des ausgesandten Laserstrahls mit einer Genauigkeit von 0,01 %. Im Geräteunterbau gestattet der Schlitten *6* eine Horizontalverschiebung des Geräts zum Einrichten in die Flucht, während die Vorrichtung *5* eine Vertikalbewegung bis zu 75 mm gegenüber der Stativbefestigung zuläßt. Hierdurch ist eine schnelle Geräteaufstellung bei Fluchtungsmessungen möglich. Der Laserstrahl mit einer Ausgangsleistung von 1,5 mW wird im Teleskopsystem *1* formiert und fokussiert. Das Zielfernrohr *3* dient als Orientierungshilfe beim Ausrichten des Geräts. Zum bequemen Transport der 8 kg schweren Ausrüstung dient der Tragegriff *2.*

Im Gerätezubehör ist ein Zylinderlinsenvorsatz vorhanden, der bei seiner Anordnung vor dem Objektiv des Laserteleskops den Laserstrahl in einem horizontalen Sektor auffächert und so die Möglichkeit gibt, das Nivellement auf einer größeren Bauplatzfläche an mehreren Punkten gleichzeitig durch-

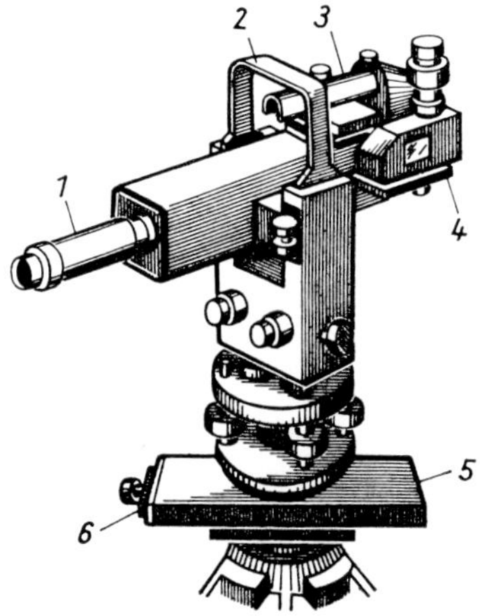

Bild 1.18. Baulaser VSE 20

zuführen. Als Hauptanwendungsgebiete des Geräts sind angegeben: Rohrverlegung, Höhenbestimmung von Baustellenpunkten, Fluchtungsmessungen sowie Steuerung von Planierraupen und Baggern. Dabei wird eine höhere Effektivität als bei der Anwendung optischer geodätischer Geräte erzielt.

1.5. Rotationslaser

Durch die Kombination von Gaslasern mit geodätischen Geräten sind grundsätzlich neue Konstruktionslösungen möglich, wie sie beispielsweise die Rotationslaser darstellen, mit denen horizontale, vertikale und geneigte Bezugsebenen unter Verwendung des Laserstrahls erzeugt werden können. Wenn der Laserstrahl durch ein rotierendes Prismensystem in eine Vollkreisebene aufgefächert wird und die Rotationsgeschwindigkeit (Frequenz) eine Größe von 16 Umdrehungen/Sekunde annimmt, kann das menschliche Auge nicht mehr das Aufleuchten einzelner Abbildungen des Laserstrahls wahrnehmen, und es wird visuell eine Dauerstrahlung in Form einer Laserlichtebene erzeugt.
Beim Schnitt einer solchen Ebene mit einem Gegenstand bildet sich der Laserstrahl als eine scharf markierte Linie ab. Richtet man den rotierenden Strahl horizontal aus, so erhält man eine räumliche horizontale Bezugsebene, welche die Möglichkeit bietet, Nivellementsablesungen gleichzeitig an einer großen Anzahl von Zielpunkten in unterschiedlichster Lage zum Gerät vorzunehmen. Derartige Instrumente ermöglichen auf Baustellen besonders dann eine bedeutsame Steigerung der Arbeitsproduktivität, wenn eine entsprechende Anzahl von Aufnahmepunkten zu bestimmen ist.
Die verschiedenen vorhandenen Konstruktionslösungen bewirken die Horizontierung der Laserebene entweder mittels Röhrenlibelle oder mittels Kompensator (Tafel 1.1). Im Bild 1.19 ist das Prinzip eines Rotationslasers mit Libellenhorizontierung dargestellt. Vom Laser *1* im Geräteunterteil gelangt der Laserstrahl lotrecht über den Kollimator *2* auf das mit Motor-

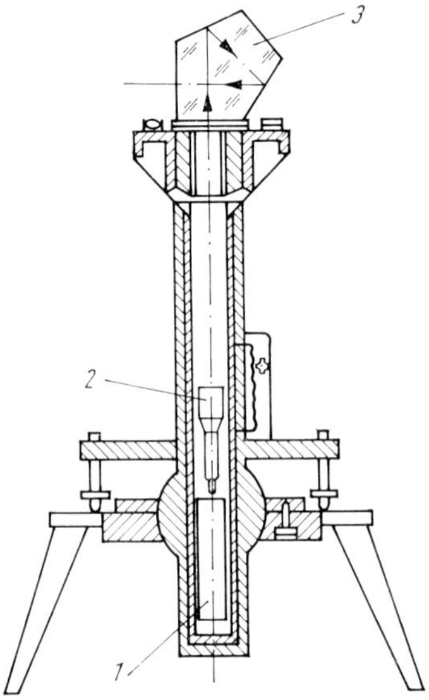

Bild 1.19. Prinzip des Rotationslasers

kraft rotierende Pentaprisma *3*, wo er rechtwinklig in die Horizontale umgelenkt und ausgesandt wird. Die Gerätekonstruktion kann mittels Röhrenlibelle horizontiert werden und ist gegenüber der Stativaufstellung in bestimmten Grenzen höhenmäßig regulierbar. Durch das rotierende Pentaprisma wird der Laserstrahl aufgefächert und bildet eine horizontale Laserbezugsebene.

International weitverbreitet ist der *Rotationslaser Geoplane 300* [34], [53] der Firma AGA (Schweden) (Bild 1.20), der für Messungen auf Baustellen in Zusammenhang mit der Vorgabe projektierter Höhen (Planierung, Betonierung, Fußbodenaufbau, Aushub, Pfahlgründung) in gleicher Höhenlage konzipiert wurde. Die Horizontierung des Laserstrahls wird bis zu einer Neigung von 0,2° durch einen Kompensator realisiert, wobei mittels einer Zusatzeinrichtung auch geneigte Ebenen erzeugt werden können.

Aus Bild 1.21 ist zu erkennen, daß der in senkrechter Lage erzeugte Laserstrahl *1* durch das Rotationsprismensystem *2, 3* nach den entgegengesetzten Seiten unter den beiden Winkeln $90° + \varepsilon$ und $90° - \varepsilon$ gegenüber der Horizontalen abgelenkt wird. Die Größe des Winkels ε ist so bemessen, daß in der horizontalen Symmetrieachse *4* die Intensität der sich überdeckenden Strahlen *1a* und *1b* gleich groß ist, wie es Bild 1.22a zeigt. Die Ebene der Symmetrieachse *4* dient als Messungsbezug. Der optische Aufbau dreht sich mit einer Frequenz von etwa 10 Umdrehungen/Sekunde, so daß das menschliche Auge, wenn es die Symmetrieebene betrachtet, dort einen ununterbrochenen Lichtstrom (20 Impulse/Sekunde, Bild 1.22c) wahrnimmt, während es darüber und darunter flackerndes Licht (10 helle und 10 schwache Phasen, Bild 1.22b) empfindet.

Die Symmetrieebene zwischen den beiden unterschiedlich abgelenkten Laserstrahlen läßt sich entweder visuell oder elektrooptisch erfassen. Der elektrooptische Empfänger (Bild 1.23) besteht aus der Empfangseinrichtung *1* und dem Anzeigegerät *2* (Indikator). Wenn die Empfangseinrichtung so verschoben wird, daß sie im Bereich der o. g. Symmetrieebene liegt, befindet sich die Anzeige des Indikators *3* in Nullstellung; sie schlägt jedoch nach links oder rechts aus, wenn der Empfänger nach unten bzw. oben bewegt wird. Die Einrichtung ist an einer vertikal stehenden Nivellierlatte verschiebbar angeordnet, und es erfolgt eine direkte Ablesung der Höhenlage, wenn der Indikator die Nullstellung anzeigt, wobei diese Ablesung genauer als die mit der visuellen Methode erhaltene ist.

Erfolgt die Ortung visuell, so wird beim *Geoplane 300* eine Zieltafel verwendet, die aus Glas besteht, in einem keilförmigen Rahmen steckt und mit einer Netzteilung versehen ist. Die Symmetrielage des Laserstrahls auf der Zieltafel läßt sich beim Verschieben auf der Latte leicht bestimmen, wie es Bild 1.24 zeigt. Eine Verschiebung erfolgt dann, wenn die Abbildungen der Impulse des oberen und unteren Laserstrahls nicht sym-

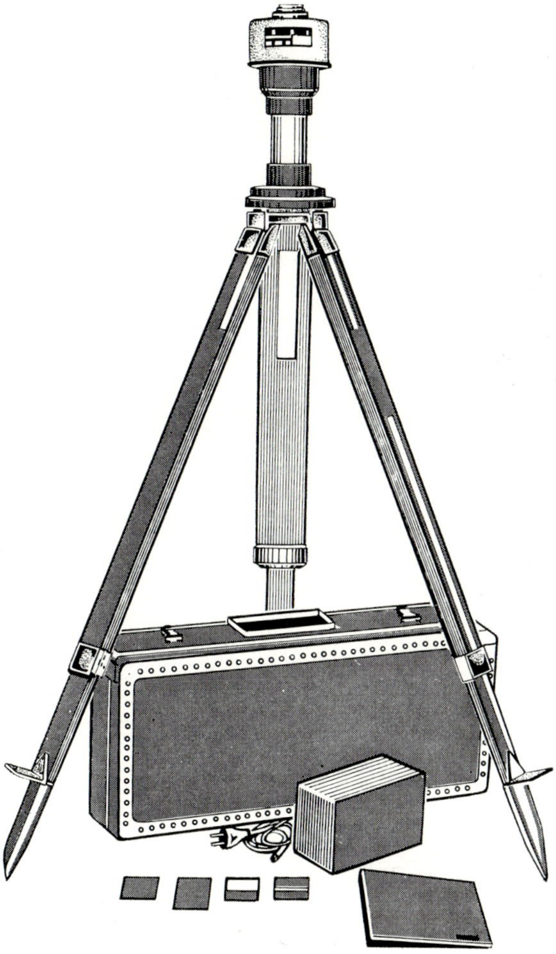

Bild 1.20.
Rotationslaser „Geoplane 300"

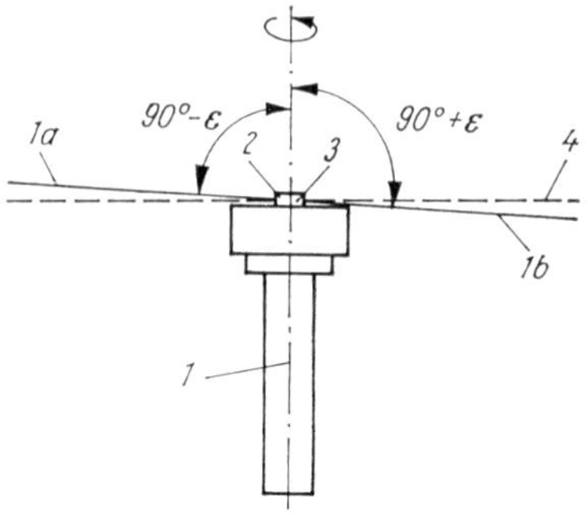

Bild 1.21. Prinzip der Strahlteilung im rotierenden Prismenkopf

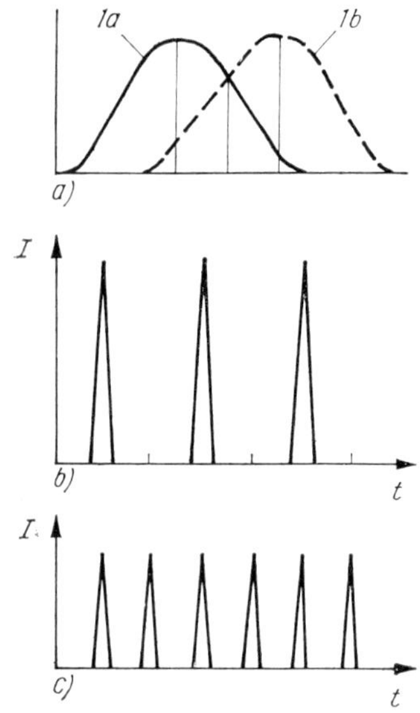

Bild 1.22. Formierung der Symmetrieebene

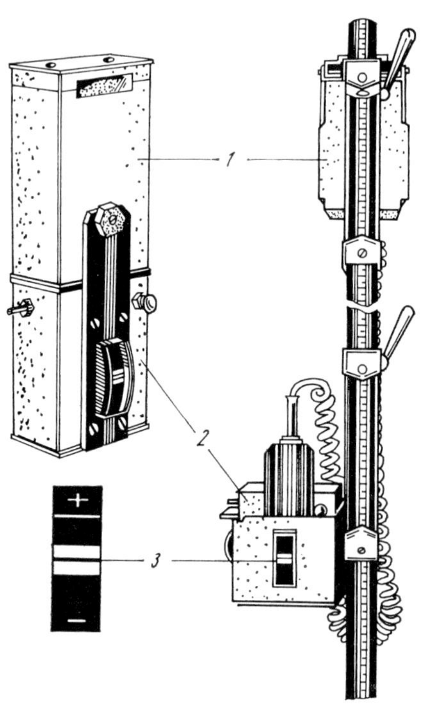

Bild 1.23. Elektrooptischer Empfänger beim „Geoplane 300"

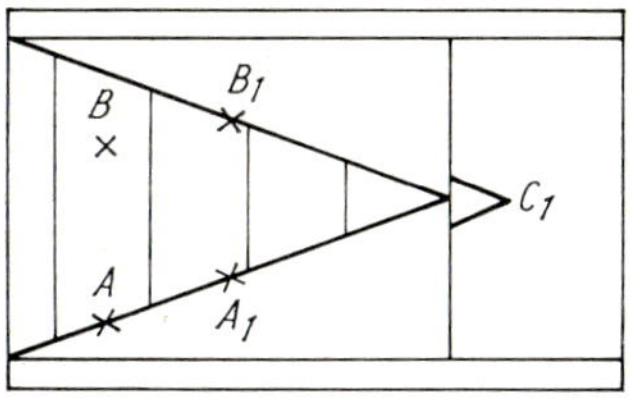

Bild 1.24. Visuelle Ortung des Laserstrahls

metrisch zum Tafelnetz in den Punkten A_1 und B_1 liegen. Erst dann, wenn die Symmetrieachse durch den Punkt C_1 geht, der der Öffnungsmitte entspricht, nimmt man an dieser Stelle die Ablesung auf der Nivellierlatte vor.

Das Gerät wird auf einem Spezialstativ aufgestellt, das eine meßbare Höhenveränderung der Laserebene zuläßt. Das mit einem He-Ne-Gaslaser (1,5 mW) ausgestattete Gerät besitzt eine Reichweite von 250 m innerhalb einer Kreisfläche von etwa 0,2 km². Bei einer Meßentfernung von 60 m sichert das Gerät eine Höhenübertragungsgenauigkeit von $\sigma = 2$ mm. Die Frequenz der Prismendrehung ist regulierbar; es empfiehlt sich, sie nachts zu erhöhen und tags zu reduzieren.

Auf dem Weltmarkt existieren eine Reihe von Rotationslasern mit unterschiedlichen *optoelektronischen Empfangseinrichtungen*. Oft sind im Empfänger eine ganze Reihe von Fotodioden symmetrisch angeordnet, die auch bei heller Sonneneinstrahlung die Ortung auf 150 ... 200 m Entfernung vom Gerät möglich machen. Die elektrooptische Ortung, die den Ablesevorgang an der Latte beschleunigt, kann im Indikator entweder durch Zeigerausschlag, optische Anzeige (Laserstrahllage im Zentrum durch grünes, höhere oder tiefere Lage durch gelbes bzw. rotes Lichtsignal) oder durch akustische Signalgebung (Summer mit unterschiedlicher Tonfrequenz) erkennbar gemacht werden. Dabei sehen bestimmte Konstruktionslösungen eine Schnellbewegung des Empfängers von Hand und eine Feinbewegung mittels Schrauben vor. Aus der Literatur geht hervor, daß die Genauigkeit von Nivellementsarbeiten mit Lasernivellieren meist innerhalb von $\sigma = 5$ mm bei einem maximalen Meßbereich von etwa 200 m (bei günstigen meteorologischen Bedingungen) liegt und die Arbeitsproduktivität auf das Vierfache im Vergleich mit den klassischen Meßmethoden für Flächennivellements erhöht werden kann.

Eine neuere Konstruktionslösung stellt der *Rotationslaser SL 944* („Spectra-Physics", USA) dar, den Bild 1.25 zeigt. Das Gerät besitzt am Fuß eine Dreipunktauflagerung, die im Bedarfsfall unabhängig vom Stativ den unmittelbaren Aufbau auf jedem festen Untergrund gestattet. Eine spezielle Aufhängung der Geräteeinheit von Laserrohr und Prismenkopf innerhalb des Gehäuses gestattet die elektronische Selbsthorizontierung des Systems im Neigungsbereich von $\pm 8°$. Eine grüne Kontrolleuchte zeigt an, wenn der Laser nach Aufstellung und Einschaltung horizontal ausgerichtet ist. Durch Blockierung der Einrichtung läßt sich eine gewünschte Schräglage einstellen. Der Umdrehungsregler kann die Rotationsgeschwindigkeit verändern, aber auch den Laserstrahl unbeweglich als Punkt abbilden. Mit

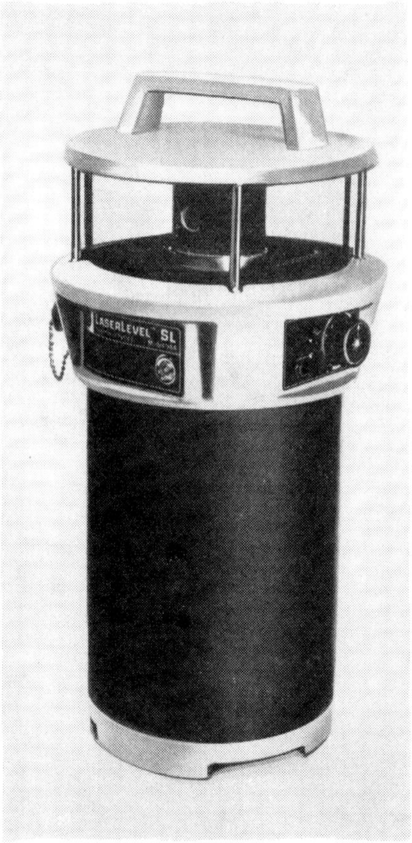

Bild 1.25. Rotationslaser SL 944

einem Frühwarnsystem wird der Laserstrahl bei Nichtrealisierung der Horizontallage des Geräts ausgeschaltet bzw. bei neuem automatischem Einpendeln des Systems wieder eingeschaltet. Es ist mit diesem Gerät möglich, sowohl horizontale als auch vertikale Bezugsebenen (für die Außenlotung hoher Bauwerke unter beengten örtlichen Bedingungen) zu erzeugen. Das Rotationslasergerät wiegt 6,8 kg und hat einen Energieverbrauch (12 V) von 1,4 A/h. Der Hersteller gibt als Genauigkeit ±1,5 mm auf 30 m Entfernung sowie für die Reichweite 300 m bei Verwendung einer speziellen Nivellierlatte (1,7 bzw. 0,45 m Länge) mit verschiebbarem Detektor auf der Lattenteilung an.

1.6. Lasertheodolite

Lasertheodolite sind Winkelmeßinstrumente, bei denen die Fernrohrzielachse parallel oder identisch mit dem Laserstrahl ist. Als Strahlungsquelle dient ein Lasergenerator, der parallel am Theodolitfernrohr befestigt, mit diesem vereinigt oder durch ein Lichtleitkabel mit dem Okular verbunden ist.

Bei der Gerätefunktion tritt an die Stelle der optischen Zielachse ein räumlich orientierter eng gebündelter Laserstrahl. Die Orientierung wird mit dem am Lasertheodolit vorhandenen Horizontal- und Vertikalkreis bezogen auf gegebene Stand- und Anschlußzielpunkte realisiert. Mit diesen Möglichkeiten ist der Lasertheodolit für die rationelle Ausführung unterschiedlichster Absteckungsarbeiten räumlicher Projekte gut geeignet. Der orientierte Laserstrahl gibt in der Örtlichkeit die unmittelbare Lage der Absteckungsachsen ständig sichtbar an, und man kann durch relative Messungen, bezogen auf den absolut orientierten Strahl, sowohl Absteckungen als auch Fertigungs- und Kontrollmessungen ausführen. Die derzeitig vorhandenen Gerätetypen der Lasertheodolite unterscheiden sich bezüglich der verwendeten Baugruppen stark voneinander, was Auswirkungen auf den Gebrauch und die Überprüfung dieser Instrumente hat. Wesentliche charakteristische Merkmale stellen die Verbindung zwischen Fernrohr und Laserrohr sowie die Möglichkeiten des Durchschlagens der Zieleinrichtung über den Zenit bzw. ihrer Umlegung in den Achslagern dar.
Man unterscheidet bei der Anordnung von Strahl- und Fernrohr:

- Lasertheodolite mit kippbar gelagertem Strahlrohr und aufgesetztem optischem Zielfernrohr
- Lasertheodolite mit vertikal drehbarem optischem Fernrohr, an dem das Strahlrohr befestigt ist.

Bezüglich der Bewegungsmöglichkeiten von Strahl- und Fernrohr klassifiziert man:

- Lasertheodolite mit durchschlagbarer Zieleinrichtung
- Lasertheodolite mit Zieleinrichtungen, die in den Achslagern umlegbar sind
- Lasertheodolite, deren Zieleinrichtung nur in einer Strahl- bzw. Fernrohrlage benutzbar ist.

Eine äußerst rationelle Form des Lasertheodolits stellt die Verbindung serienmäßig gefertigter Laservor- oder -aufsätze mit optischen Theodoliten dar.
Die erste Art dieser Laserzusätze ist als Zusatzgerät so konstruiert, daß die Laserstrahlachse mit der Zielachse zusammenfällt. Dabei wird der im Lasergenerator erzeugte Strahl durch das Zielfernrohr, das die Rolle des Kollimators übernimmt, ausgerichtet und somit die Divergenz des austretenden Laserstrahls auf die erforderliche Größe verringert. Die grundlegende geometrische Forderung an Lasertheodolite mit Aufsatz besteht darin, daß die Achse des Laserstrahls durch den Schnittpunkt des Strichkreuzes und das Zentrum des Objektivs geht und somit mit der optischen Zielachse zusammenfällt. Die Umleitung des Laserstrahls aus dem Laserrohr in das optische Fernrohr erreicht man mittels Prismensystem vor dem Fernrohrokular oder mittels beweglicher Lichtleitkabel. Im letzten Falle kann die Laserquelle am Stativ des Theodolits befestigt sein (Laservorsatz).
Die zweite Konstruktionsform der Laseraufsätze sieht die Auflagerung des Laserrohrs mit eigenem Kollimator auf dem optischen Fernrohr vor. Dabei liegt die Laserstrahlachse höher als die Zielachse des Theodolits. Zur Wah-

rung des geometrischen Anordnungsprinzips muß gewährleistet sein, daß der aus dem Kollimator austretende Laserstrahl parallel zur Zielachse des Fernrohrs ist und mit dieser in einer gemeinsamen Vertikalebene liegt.
In Tafel 1.1 ist die Klassifizierung der unterschiedlichen Gerätetypen des Lasertheodolits zusammengestellt.
Der Lasertheodolit mit nur einem Strahlrohr unterscheidet sich vom optischen Instrument dadurch, daß anstelle des optischen Fernrohrs ein Laserrohr (Generator und Kollimator) angebracht ist. Aufgrund der konstruktiven Gestaltung des Theodolits ist es nicht immer möglich, ein Gerät herzustellen, bei dem der Lasergenerator ebenfalls mit durchgeschlagen werden kann, weil seine Ausmaße die des Fernrohrs teilweise überschreiten. In diesem Falle gestaltet man die Kippachsenlagerung des Strahlrohrs so, daß ein Umlegen in die zweite Strahlrohrlage möglich ist.
In der Sowjetunion wurde vor etwa 15 Jahren der *Lasertheodolit LT 75* (Bild 1.26) dadurch realisiert, daß man das optische Fernrohr des Theodolits TT 2/6 durch einen He-Ne-Gaslaser ersetzte, wobei man das Laserrohr in den Kippachslagern umsetzbar auflagerte und so die Winkelmessung in zwei Gerätelagen möglich machte. Die mögliche Austauschbarkeit des Laserrohrs gegen das optische Fernrohr erweiterte die Gebrauchseigenschaften des Geräts bei geodätischen Arbeiten. Als Strahlungsquelle wurde der Laser LG 75 mit der hohen Ausgangsleistung von etwa 30 mW verwendet, weil große Reichweiten vorgesehen waren, während man gegenwärtig in ähnlichen Geräten He-Ne-Laser mit maximaler Ausgangsleistung von 5 ... 7 mW verwendet. Hieraus erklären sich auch die großen Geräteabmessungen.
An der im Bild 1.26 ersichtlichen offenen Bauweise sind die wesentlichen Grundbestandteile zu erkennen:
Das Bild zeigt den Winkelmeßteil *A* des optischen Theodolits und das Gehäuse *B* des Laserrohrs, vor dem ein Kollimatorsystem *2* mit Innenfokussierung angeordnet ist. Auf dem Laserrohr ist ein Zielfernrohr *1* zur visuellen Orientierung angebracht. Oberhalb des Laserrohrs erkennen wir

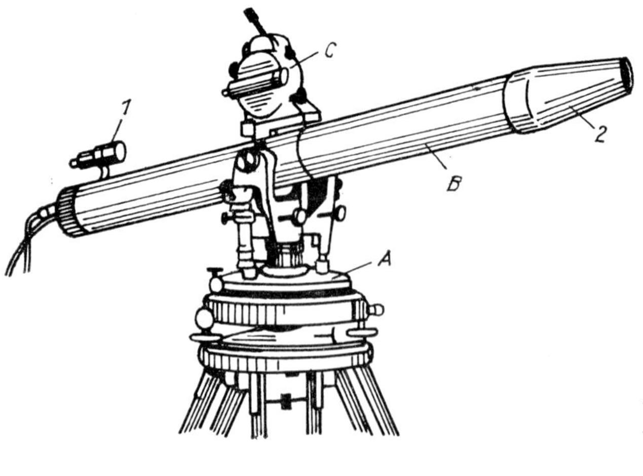

Bild 1.26.
Lasertheodolit LT 75

die Neigungsmeßeinrichtung *C*, die bei Absteckungsarbeiten das Laserrohr in die vorgegebene Neigung orientiert.
Das Gerät war für solche Arbeiten bestimmt, bei denen eine vorgegebene richtungsorientierte Laserflucht auf große Entfernungen und über einen längeren Zeitraum anzugeben war (Erdaushub, Wasserbau, Starkstromanlagen, Schiffahrtskanäle und Fahrtrinnen).
Auf ähnliche Art und Weise wurde in der Sowjetunion unter Zuhilfenahme des Markscheidetheodolits TG 1 und des Lasers LG 56 der *Lasertheodolit LT 56* konstruiert, der für Absteckungen auf Baustellen und Kontrollmessungen des Schildvortriebs im Tunnelbau bestimmt war. Dieses Gerät zeichnete sich gegenüber dem LT 75 durch seine geringere Gesamtmasse und die Stromspeisung mittels Batterie aus.
In der VR Polen wurde der *Lasertheodolit KP 4* entwickelt (Bild 1.27), dessen Laserrohr ebenfalls aufgrund seiner Ausmaße in den Kippachslagern umgelegt werden muß. Das Kollimatorsystem ist so gestaltet, daß es gegen das Fernrohr eines Kompensatornivelliers auswechselbar ist, wodurch sich der Lasertheodolit in ein selbsthorizontierendes Lasernivellier verwandeln läßt. Das Gerät besitzt einen Zylinderlinsenvorsatz zur Auffächerung des Laserstrahls in eine Sektorenfläche.
Im Zuge der Weiterentwicklung der Lasertechnik wurden vornehmlich solche Lasertheodolite konstruiert, deren Zielsysteme weder in den Lagern umlegbar noch über den Zenit durchschlagbar sind, also nur in einer Strahlrohrlage benutzt werden.
Die größte internationale Verbreitung fand der *Lasertheodolit LT 3* „Lasertransit" (Firma „Spectra-Physics", USA), der auf einer Kombination von industriell gefertigtem Gaslaser und bestimmten Bauteilen für Geräte zur Anwendung bei ingenieurgeodätischen und bautechnischen Arbeiten beruht. Das Gerät besitzt gegenüber dem optischen Theodolit eine Reihe von Vorteilen und läßt sich effektiv im Tunnel- und Rohrleitungsbau einsetzen. So bestätigen Erfahrungen, daß bei Messungsausführung mit dem Lasertheodolit LT 3 für den Tunnelbau mit Schildvortrieb die tägliche Arbeitsproduktivität um 10% gesteigert werden konnte und die Senkung der Gesamtkosten unter Berücksichtigung der Grundmittelausgaben für das Lasergerät um 5% möglich ist.

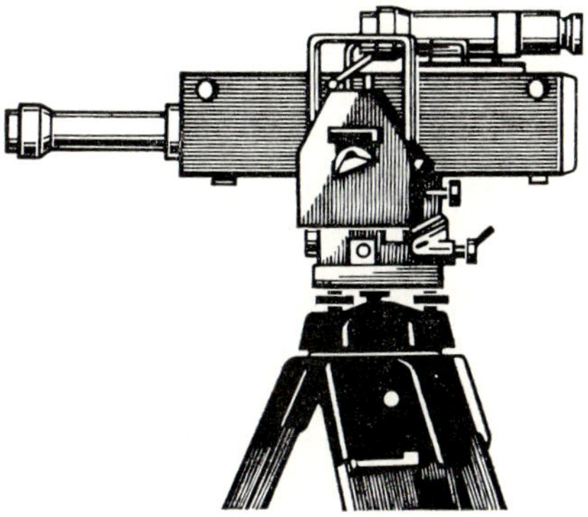

Bild 1.27. Lasertheodolit KP 4

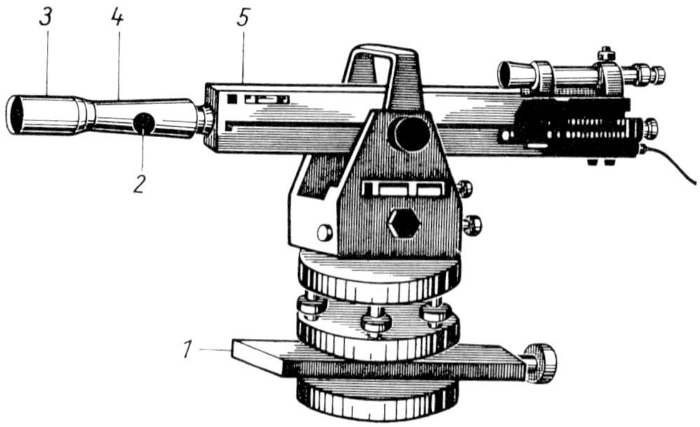

Bild 1.28.
Lasertheodolit LT 3

Aus Bild 1.28 ist zu erkennen, daß die Grundform des Theodolits beibehalten wurde. Wesentliche Bestandteile sind das neigbare Laserrohr *5* mit dem Kollimator *4* und dem Zylinderlinsenvorsatz *3* zur Auffächerung des Strahls in eine Sektorebene. Mit dem Schlitten *1* läßt sich das Gerät schnell und genau bei der Aufstellung zentrieren, und eine Neigungsmeßeinrichtung gestattet im Bereich $\pm 30°$ die Einstellung einer projektierten Neigung mit einer Genauigkeit von $\pm 0{,}01\,\%$. Das Gerät wird mit einer Dosenlibelle grob- und mit einer Röhrenlibelle (60″-Teilung) feinhorizontiert.

Bei einer Ausgangsleistung von 5 mW wurde mit visueller Strahlbeobachtung auf Durchlichtzieltafeln tags eine Reichweite von 8 km erreicht, die sich bei Nachtmessungen noch vergrößerte. Die Verwendung des Lasertheodolits bei Wasserbauarbeiten in Meeresgegenden zeigte, daß der rote Laserstrahl auch bei Dunst und leichtem Nebel gut zu identifizieren ist. Unter Feldbedingungen wird das Gerät von einem Kfz-Akkumulator (12 V, 75 Ah) gespeist, ist aber auf Baustellen auch an das Netz (220 V) anschließbar. Auch der Funktionsbereich bei Lufttemperaturen von -20 bis $+65$ °C ist beachtlich.

In der BRD wurden in den vergangenen Jahren Lasertheodolite im Industrie- und Verkehrsbau sehr viel angewendet. Von der Firma „Siemens“ (München) wurden neben einem Lasermeßsystem zur automatischen Ausrichtung und Kontrolle der Arbeit von Erdbaumaschinen sowie des Schildvortriebs im Tunnelbau auch geodätische Instrumente für Absteckungsarbeiten auf Baustellen hergestellt. Hierzu gehört der *Lasertheodolit LG 68*, der sich durch handliche Abmessungen und große Zuverlässigkeit auszeichnet. Mittels vorhandenen Horizontal- und Vertikalkreises ist es möglich, den Laserstrahl in die entsprechende Horizontal- bzw. Vertikalrichtung zu orientieren. Bild 1.29 zeigt die Gerätekonstruktion, bei der mit Hilfe der Neigungsmeßeinrichtung das Laserrohr innerhalb des Bereichs $\pm 10\,\%$ mit einer Genauigkeit von $\pm 0{,}01\,\%$ in die projektierte Höhenlage eingestellt werden kann. Eine Befestigungsschraube gestattet ein schnelles Auswechseln des Laserrohrs. Auf dem Laserrohr sitzt das Zielfernrohr. Die Gerätekonstruktion läßt eine Neigung des Laserrohrs im Bereich $\pm 30°$ bei

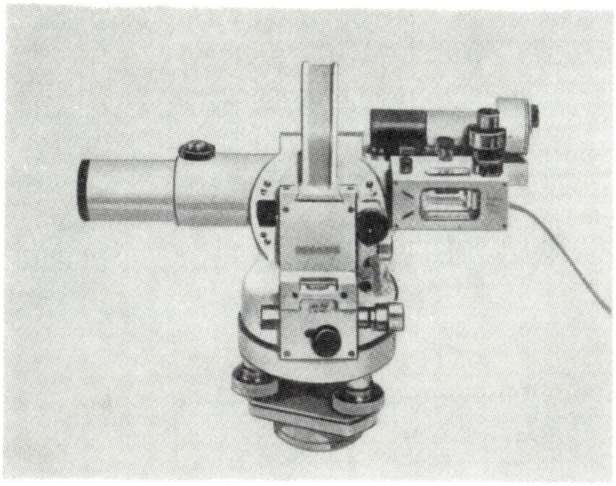

Bild 1.29.
Lasertheodolit LG 68

Ablesemöglichkeiten am Vertikalkreis in Winkel- und Neigungsprozentteilung zu. Die Kollimation des ausgesandten Laserstrahls ist in zwei Varianten möglich. Bei der ersten beträgt der Ausgangsdurchmesser des Strahls 9 mm und verändert seine Größe innerhalb 100 m Reichweite nicht. Im anderen Fall ist der Ausgangsdurchmesser des Strahls 16 mm und bleibt bis 400 m konstant, vergrößert sich aber danach um 1 mm auf jeweils 20 m. Die Stativkonstruktion läßt neben der horizontalen auch eine vertikale Aufstellung des Geräts für die Vertikalprojektion des Laserstrahls zu. Die Stromversorgung erfolgt über Batterien.
Lasertheodolite werden auch in Verbindung mit dem Winkelschnittverfahren zur Zielpunktprojektion an unzugänglichen Meßstellen (z. B. Betonwänden) genutzt [5], woraus das Verfahren der „Lasertachymetrie" entwikkelt wurde.

1.7. Laserzusatzeinrichtungen

Laservor- und -aufsätze für den Theodolit sind in Form abnehmbarer Vorrichtungen gefertigt, die aufgesetzt werden, ohne daß das optische Instrument Veränderungen erfährt. Zunächst sollen die Zusatzgeräte behandelt werden, die auf dem Fernrohr montiert sind und bei denen die Laserstrahlachse parallel zur Zielachse des Theodolits verläuft. Derartige Aufsätze werden für die Theodolite T 1 A, T 2, T 16 (Firma Wild, Schweiz), STN (Firma SLOM, Frankreich), ST 200 (Firma Rank Precision Ind., England) und andere hergestellt.
In der Sowjetunion wurde der Lasergenerator LG 56 in einem Gehäuse untergebracht und auf dem Theodolit OT 02 justierbar befestigt. Hierdurch entstand der *Laseraufsatz LNOT 02.* Vor dem Laserrohr befindet sich ein Kollimator, der gestattet, den zur optischen Zielachse 10 cm parallelen Laserstrahl auf unterschiedliche Entfernungen zu fokussieren. Der 2 kg schwere Laseraufsatz läßt sich vom Wechselstromnetz oder mit einem 12-V-Akkumulator mit Elektroenergie versorgen. Bei Zielentfernun-

gen über 30 m liegt die Projektion des Laserstrahls im Gesichtsfeld des Theodolitfernrohrs und kann bezüglich seiner Lage zum Zielpunkt beobachtet werden. Zum Gerätezubehör gehört ein Zylinderlinsenvorsatz, der den Laserstrahl in eine Sektorebene mit dem Winkel von 40′ auffächert und mittels einer Libelle in die notwendige Horizontal- bzw. Vertikallage eingerichtet werden kann. Mit Hilfe der vertikal aufgefächerten Laserebene lassen sich beispielsweise bei der seitlichen Steuerung von Erdbaumaschinen Höhenunterschiede überwinden, was bei linearem Laserstrahl nicht möglich wäre.

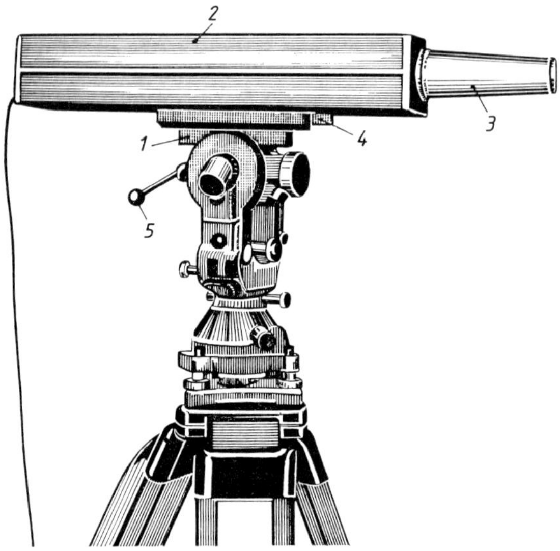

Bild 1.30.
Laseraufsatz GLA 3

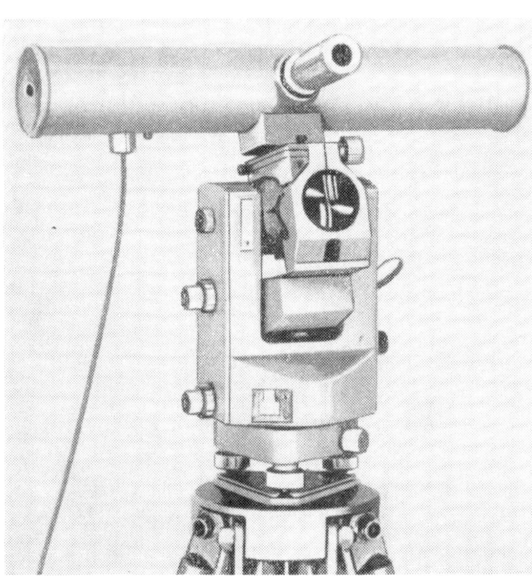

Bild 1.31.
Laseraufsatz FVL

Der *Laseraufsatz GLA* wird von der Firma Wild (Schweiz) in den Varianten GLA 1 (Theodolit T 1 A), GLA 2 (Theodolit T 16) und GLA 3 (Theodolit T 2) hergestellt. Bild 1.30 zeigt den Aufsatz GLA 3, der auf das Fernrohr des Theodolits T 2 montiert ist. Der Aufsatz besteht aus einem auf dem Fernrohr angeschraubten Verbindungsteil *1* und einem angeklemmten Oberteil *2*, welches das Laserrohr, den Kollimator *3* und die Justiervorrichtung *4* enthält, mit der die Parallelität von Laserstrahl- und Zielachse realisiert wird. Das Zenitokular *5* am Theodolitfernrohr ermöglicht die Beobachtung auch von der Seite, so daß bei der Orientierung des Laserstrahls auf den Zielpunkt das Strahlergehäuse nicht stört. Als Strahlungsquelle dient ein He-Ne-Gaslaser 120 der Firma „Spectra-Physics" mit einer Rohrlänge von 390 mm sowie einem Ausgangsdurchmesser von 0,55 mm für den Laserstrahl, der im Einmodenbetrieb arbeitet, eine Ausgangsleistung von 5 mW besitzt und auf 5000 Betriebsstunden ausgelegt ist. Der Laseraufsatz GLA 3 ist erfolgreich u. a. beim U-Bahn-Bau in München, beim Bau des Synchrotrons für das CERN-Kernforschungszentrum in Genf und bei der Gerätemontage in Laboratorien der Kernforschung angewandt worden.

Der *Laseraufsatz FVL* (Firma O. Fennel, Kassel, BRD) weist als Besonderheit die Queranordnung zum Theodolitfernrohr auf (Bild 1.31) und gewährleistet somit den freien Zugang des Beobachters zum Fernrohrokular. Ein auf dem Fernrohrobjektiv angebrachtes Masseteil sichert durch Gewichtsausgleich ein bequemes Neigen der Kombination Fernrohr—Laseraufsatz. Der aus dem Resonator austretende Laserstrahl wird mittels Prismen um 90° umgelenkt und im Kollimator, der parallel zum Theodolitfernrohr angeordnet ist, fokussiert. Die Befestigung des Laseraufsatzes ist mit einer Justiereinrichtung versehen, die die Parallelität von Laserstrahl- und Fernrohrzielachse im Abstand von 10 cm realisieren kann. Der Aufsatz ist einfach abnehmbar und kann zusätzlich mit einer Neigungsmeßeinrichtung versehen werden, die Prozent- und Gradeinteilung aufweist. Die Ausgangsleistung im Einmodenbetrieb beträgt 1 mW, der Ausgangsstrahldurchmesser 1,4 mm, der Arbeitsbereich liegt innerhalb von 250 m. Der Aufsatz ist 365 mm hoch und hat einen Durchmesser von 36 mm. Seine Queranordnung gestattet es, das Fernrohr mit dem Strahler vertikal zu stellen und somit den Laserstrahl in den Zenit oder Nadir zu orientieren.

Die universell einsetzbaren Laserzusatzeinrichtungen vereinen die Fernrohrziel- und Laserstrahlachse, was auf zwei Wegen realisiert werden kann. Im ersten Fall wird der Laserstrahl mit Hilfe von Prismen aus dem Strahlrohr in das Fernrohrokular gelenkt, während im zweiten Fall das Strahlrohr am Stativ befestigt ist und der Laserstrahl mit einem biegsamen Lichtleitkabel in das Fernrohrsystem übertragen wird. Die letztere Lösung ist bei den Laservorsätzen GLO-1 (Firma Wild, Schweiz) und DKM-2 A (Firma Kern, Schweiz) erfolgreich angewandt worden und wird als Laserokular bezeichnet.

Der *Laservorsatz GLO-1* (Bild 1.32) kann für die Theodolite T 1 A, T 2 und T 16 der Firma Wild genutzt werden. Das Gerätesystem besteht aus dem Gaslaser, der am Stativ befestigt ist und die Strahlung über das Lichtleit-

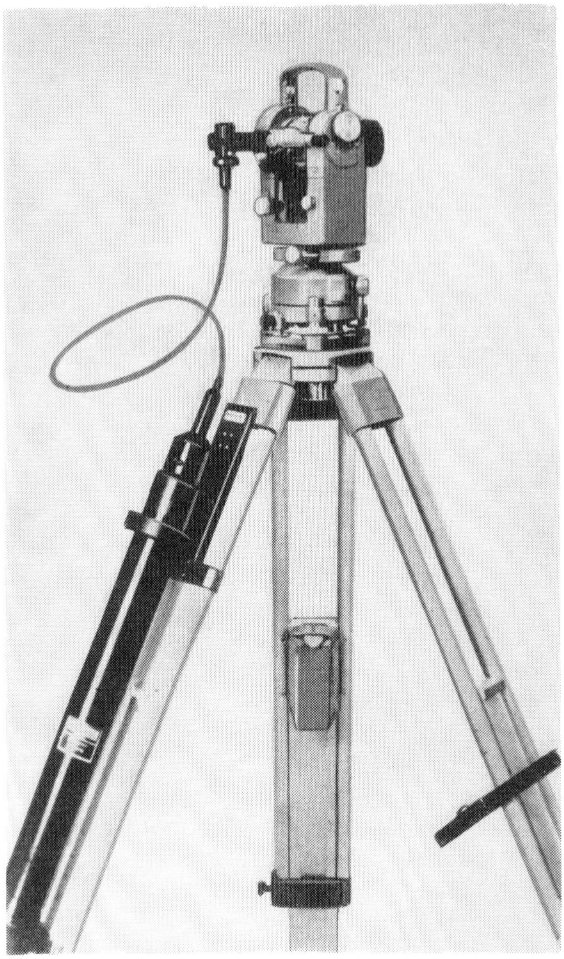

Bild 1.32.
Laservorsatz GLO-1

kabel in das Fernrohrokular überträgt. Auf dem Ablesemikroskop des Theodolits befindet sich ein Zenitokular, und das Fernrohr wird durch das im Bild sichtbare Massestück im Gleichgewicht gehalten. Durch Auswechseln des Fernrohrokulars gegen das Endstück des Lichtleitkabels schafft man die Verbindung zum Lasergenerator. Zur Verminderung von Strahlungsverlusten wird eine Strichkreuzplatte verwendet, die im Schnittpunkt der Striche keine Ätzung besitzt. Der am Stativ befestigte He-Ne-Laser (Firma Hughes Aircraft Comp., USA) besitzt eine Strahlungsleistung von 3 mW, das Gehäuse hat einen Durchmesser von 44 mm sowie eine Länge von 312 mm, und das Lichtleitkabel ist 80 cm lang.
Der aus dem Lichtleitkabel *7* austretende Laserstrahl (Bild 1.33) fällt auf die Linse *6* und wird danach über das Prisma *4* auf das Okular gelenkt, das den Strahl auf die planparallele Platte *3* fokussiert. Mittels Veränderung der Fokussiereinrichtung *2* wird der Laserstrahl auf der Strichkreuzebene *1*

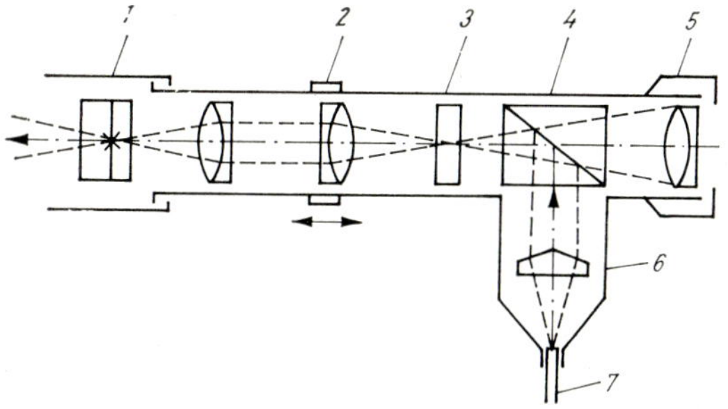

Bild 1.33. Strahlengang im Laservorsatz GLO-1

in Gestalt eines roten Lichtpunkts zentrisch mit dem Strichkreuz abgebildet und vom Beobachter über das Okular *5* betrachtet. Die Linse *6* kann durch zwei Justierschrauben in ihrer Lage verändert und damit der Laserpunkt in das Strichkreuz zentriert werden, wonach die Laserstrahlachse mit der optischen Zielachse des Fernrohrs exakt übereinstimmt. Das Fernrohr hat in diesem Falle zwei Funktionen; es dient sowohl als Kollimator für den ausgesandten Laserstrahl als auch für die Beobachtung im Zielpunkt. Zum Augenschutz des Beobachters dient ein Polarisationsfilter, mit dem durch Drehung die Helligkeit der Abbildung des Laserpunkts im Okular reguliert wird. Ein Laserstrahl, der mittels Theodolitfernrohrs mit 28facher Vergrößerung fokussiert wurde, bildet bei einer Entfernung von 100 m einen Kreis mit 5 mm bzw. bei 300 m mit 15 mm Durchmesser. Er hat eine Ausgangsleistung von 0,1 mW und eine Reichweite von tags 100 m und nachts 400 m. Die Stromversorgung kann sowohl vom Netz als auch von der Batterie (220-V-Wechselstrom bzw. 12-V-Akkumulator) erfolgen. Die Masse des Aufsatzes ohne Stromquelle beträgt etwa 0,7 kg.

Der *Laservorsatz zum Theodolit DKM 2-A* (Firma Kern, Schweiz) [44] wurde 1970 erstmalig der Öffentlichkeit vorgestellt. Sein Aufbau geht aus Bild 1.34 hervor und zeigt die Verbindung zwischen Theodolit und Laser mittels Lichtleitkabel. Als Strahlungsquelle dient ein 5-mW-He-Ne-Laser von Spectra-Physics (USA). Der in das Okular geleitete Laserstrahl gelangt auf das Prisma *5*, auf dessen Unterfläche *4* ein Strichkreuz aufgetragen ist, das von dem durchtretenden Laserstrahl in die optische Achse des Fernrohrs projiziert wird. Bei der Fokussierung des ausgesandten Laserstrahls

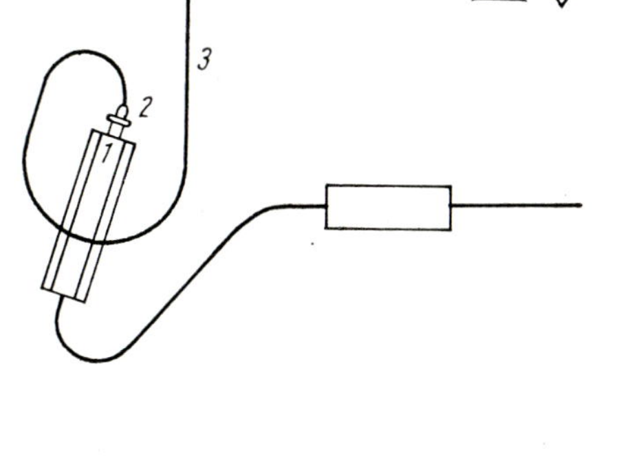

Bild 1.34. Laservorsatz zum Theodolit DKM-2 A (Aufbau)

auf eine Zieltafel ist das Strichkreuz deutlich als dunkle Abbildung auf dem roten Hintergrund des Laserstrahls sichtbar. Auf der Okularseite des Prismas befindet sich eine planparallele Platte mit aufgetragenem Strichkreuz für die visuelle Benutzung des Theodolits.
Für die Arbeit mit dem Vorsatz gilt die grundlegende geometrische Forderung, daß das durch den Laser abgebildete Strichkreuz mit seinem Zentrum sich in der optischen Zielachse des Fernrohrs befindet, in der auch das Zentrum des Strichkreuzes für die visuelle Beobachtung zu liegen kommt. Für die Realisierung der Übereinstimmung ist das Prisma *5* mit Justierschrauben versehen. Das Zentrum des projizierten Strichkreuzes dient als Bezugselement für alle Messungen und hat den Vorteil eines lagestabilen Ablesepunkts unabhängig von der Veränderung der Laserstrahllage und seiner Intensitätsverteilung. Wenn die thermische Deformation des Laserresonators eine seitliche Veränderung des Strahls hervorruft, vermindert sich zwar durch das Prisma ein Teil der Lichtenergie und damit die Helligkeit, aber die Übereinstimmung von Strichkreuzzentrum und Zielachse bleibt erhalten. Durch Regulierung der Linse ist man in der Lage, die maximale Helligkeit des Laserpunkts wieder herbeizuführen. Mit einem grünen Farbfilter *6* überwindet man den Streueffekt des Laserlichts im Fernrohr, der die Betrachtung des Strichkreuzes auf der planparallelen Platte stört.
Der Durchmesser des Laserpunkts wie auch die Dicke des Strichkreuzes vergrößern sich proportional mit der Entfernung vom Gerät, und die Strichdicke beträgt bei 50 m etwa 3 mm, bei 400 m aber 27 mm. Der Arbeitsbereich des Geräts beträgt bei Ablesung am projizierten Strichkreuz tags 200 m und in der Dämmerung maximal 400 m. Der Theodolit besitzt eine 30fache Fernrohrvergrößerung mit einem Objektivdurchmesser von 45 mm. Der Lasergenerator kann sowohl vom Netz (220-V-Wechselstrom) als auch von der Batterie (12-V-Akkumulator) gespeist werden. Die Gesamtmasse des Gerätesatzes, der große Verbreitung fand, beträgt 28,5 kg.
Prinzipien für die technologische Anwendung von Laserzusatzeinrichtungen einschließlich Zylinderlinse, Vorsatzprismen und Strahlteiler sind in [22] gezeigt worden.

1.8. Laserlotgeräte

Die Konzeption und Realisierung von Verfahren und Geräten für die Übertragung von Lotlinien ist eng mit der Entwicklung des industriellen Bauwesens, insbesondere des Wohnungs-, Gesellschafts- und Industriebaus verknüpft. Neue Konstruktionslösungen bringen größere Bauwerkshöhen und aus materialökonomischer Sicht weitere Ausmagerungen der Tragstruktur mit sich, die insbesondere aus statischen Gründen eine genaue Vertikalität des Bauwerks bedingen. Neben den hierfür geschaffenen Zenit- und Nadirlotgeräten auf optischer Basis, mit denen zu bestimmten Zeitpunkten durch visuelle Beobachtung die Lage der Lotlinie ermittelt werden kann, existieren Laserlotgeräte, welche kontinuierlich die Lotgerade angeben und somit eine unmittelbare Steuerung des Bauprozesses zulassen.

Die Laserlotgeräte unterscheiden sich durch die Prinziplösung der Lotlinienerzeugung. In einigen Geräten wird die Vertikalität mechanisch mittels Einspielens der Röhrenlibelle realisiert, während andere mit Hilfe des Kompensators die Restneigung des Geräts in einer Richtung optisch ausgleichen. Durch kardanische Pendelaufhängung des Laserrohrs kann eine zweidimensionale Ausrichtung der Lotlinie erreicht werden, und es existieren Geräte mit optoelektronischer Kompensation für die Einstellung der Lotlage des Laserstrahls. Weitere Möglichkeiten wurden mit der Verwendung von Prismenvorsätzen bei Lasernivellieren, die den ausgesandten Strahl aus der Horizontal- in die Vertikallage umlenken, realisiert. Tafel 1.1 zeigt schematisch auch die Klassifizierungsmerkmale von Laserlotgeräten.
Das sowjetische *Laserzenitlot LZC 1*, das beim Bau des Moskauer Fernsehturms angewandt wurde, zeigt in seinem Aufbau schematisch das Bild 1.35. Als Laserquelle diente ein Gaslaser des Typs OKG 14, dessen Stromversorgung (220-V-Wechselstrom) über das Kabel *1* erfolgt. Das Laserrohr *3* ist im Gehäuse *4* vertikal angeordnet und mit diesem durch eine ringförmige Befestigung *2* verbunden. Mit Hilfe der Schrauben *7* und *8* sowie der Rückholfeder *5* läßt sich die Achse des Strahlrohrs in die Geräteachse zentrieren. Der Kollimator *6* verkleinert den Divergenzwinkel des aus dem Strahlrohr austretenden Laserstrahls von 10′ auf 30″ und erzeugt einen Laserpunkt mit einem entfernungsabhängigen Durchmesser von 10 mm auf 100 m. Das Geräteoberteil wurde auf dem Fernrohrträger eines Sekundentheodolits aufgelagert, dessen Röhrenlibelle mit 8″-Teilung die Horizontierung und damit auch die Vertikalstellung ermöglichte. Die Geräteabmessungen betrugen 700 mm × 200 mm, die Masse ohne Stromquelle 9 kg.

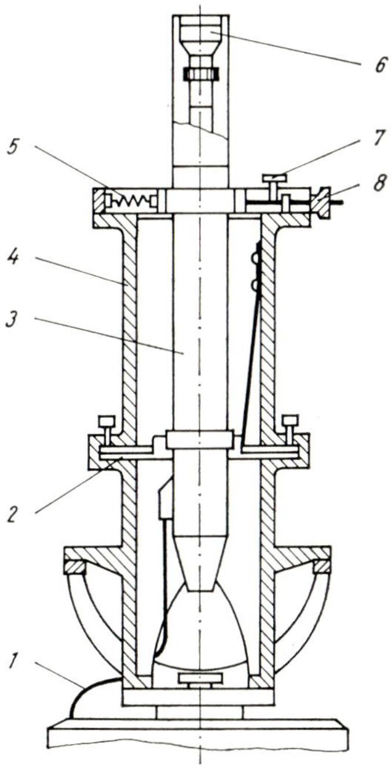

Bild 1.35.
Laserzenitlot LZC 1 (schematischer Aufbau)

Bei der Anwendung wurde das Laserlotgerät LZC 1 auf einem im Zentrum des Fernsehturms befindlichen Basispunkt zentriert, der Laserstrahl vertikal in den Zenit ausgerichtet und die Lage des Laserpunkts auf einer Zieltafel in entsprechender Bauwerkshöhe bestimmt. Hierdurch war es möglich, den Betrag und die Richtung der Bauwerksneigung in unterschiedlichen Höhenlagen bis zur Gesamtbauwerkshöhe von 533 m zu ermitteln. Die Lotungsgenauigkeit in einer Höhe von 300 m betrug $\pm$ 15 mm.
Das *Laserlot LL 132* (Firma Geo-Feinmechanik Kettwig, BRD) ist mit einem Strahlrohr der Firma „Spectra-Physics" ausgerüstet (Bild 1.36) und für die geodätische Kontrolle der Vertikalität von Schornsteinen, Aufzugsschächten u. a. bestimmt. Der ausgesandte Laserstrahl wird mittels zweier Röhrenlibellen (Teilungsgenauigkeit 20″), die senkrecht zueinander am Unterbau des Geräts angeordnet sind, durch Fußschraubendrehung in die Vertikallage ausgerichtet. Das Laserrohr ist in senkrechter Lage auf dem Unterbau befestigt. Ein Gerätevorsatz mit Pentaprismen verändert die Richtung des ausgesandten Laserstrahls um 90° und gestattet somit auch die Verwendung des Geräts für Nivellementsarbeiten. Das Gerät hat eine Höhe von 600 mm und einen Durchmesser von 170 mm. Der ausgesandte Laserstrahl ist beim Geräteaustritt im Durchmesser etwa 11 mm und bei einer Entfernung von 100 m etwa 20 mm groß.
Die Bestimmung der Lage des ausgesandten Laserstrahls am Meßobjekt erfolgt mittels Durchlichtzieltafeln, auf denen rechtwinklige Koordinatengitter aufgetragen sind. Diese Zieltafeln werden in horizontaler Lage im zu kontrollierenden Bauwerkspunkt aufgestellt, die Lage des Laserpunkts auf dem Koordinatengitter ermittelt und durch Vergleich mit der Nullmessung die jeweilige Abweichung bestimmt. Zur Steuerung des vertikalen Baufort-

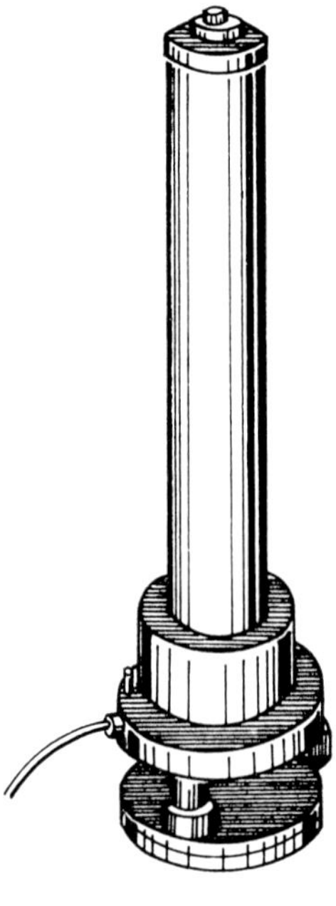

Bild 1.36. Laserlot LL 132

schritts wird die Zieltafel an der Gleiteinrichtung zunächst so angebracht, daß ihr Zentrum lotrecht über dem Basispunkt liegt. Mit dem Wachsen der Bauwerkshöhe bewegt sich die Zieltafel lotrecht nach oben, und der kontinuierlich auftreffende Laserstrahl läßt eine ständige Kontrolle und Regulierung der Vertikalität des Bauprozesses zu.

Das optische *Laserlot APLO-KP 3* (VR Polen) [45] (Bild 1.37) sendet seinen Laserstrahl sowohl über den Zenit als auch in Nadirrichtung aus und gestattet somit die Angabe der Lotlinie nach oben oder unten. Die Lotungsübertragung kann wahlweise optisch über die Zielachse des Fernrohrs oder mittels Laserstrahls, der mit der Zielachse zusammenfällt, erfolgen. Die Realisierung der Vertikalität mittels Kompensators sichert eine hohe Genauigkeit und erhöht die Arbeitsproduktivität bei geodätischen Lotungsmessungen.

Das Gerät wird mit einer Dosenlibelle horizontiert und kann über den zylindrischen Mittelteil im Dreifuß höhenmäßig verstellt werden. Das Lotgerät KP 3 besitzt kein eigenes Laserrohr, sondern wird gemeinsam mit dem selbsthorizontierenden Lasernivellier KP 2 verwendet, wie es aus Bild 1.38 ersichtlich ist. Der aus dem Nivellier KP 2 austretende Laserstrahl

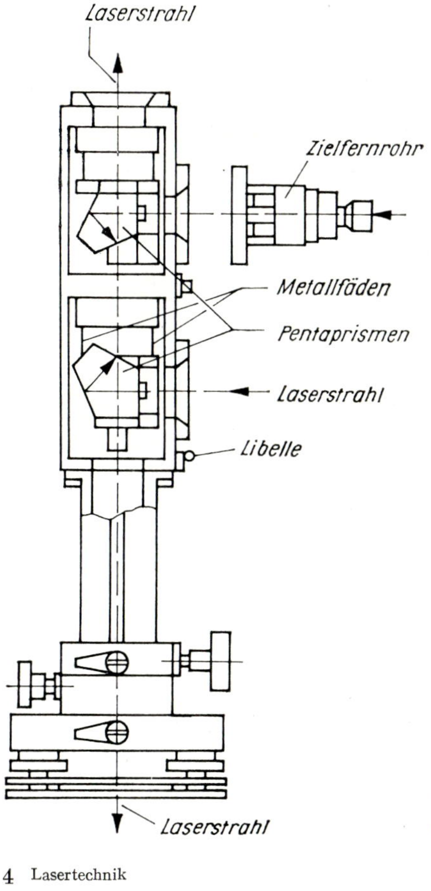

Bild 1.37. Laserlot APLO-KP 3 (schematischer Aufbau)

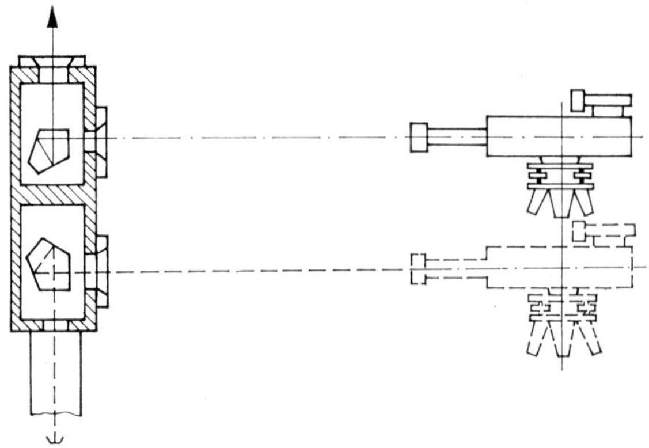

Bild 1.38.
Kombination des Laserlotes APLO-KP 3 mit dem Lasernivellier KP 2

trifft bei Zenitlotung in die obere und bei Nadirlotung in die untere Eintrittsöffnung des Lotgeräts KP 3, das mittels Libellen horizontiert wurde.
Bild 1.37 zeigt den inneren Aufbau, bei dem das Pentaprisma, das luftgedämpft an metallischen Kreuzfäden aufgehängt ist, die Rolle des Kompensators übernimmt, den Laserstrahl um 90° umlenkt und ihn mit einer Genauigkeit von $\pm 3''$ in der Vertikallage aussendet. Durch teilweise Verspiegelung des Zentrums auf der Eingangsseite des Pentaprismas läßt sich mittels Autokollimation die Rechtwinkligkeit zwischen Prisma und Laserachse des Nivelliers KP 2 realisieren. Die o. g. Höhenverstellung des Mittelteils dient der Umstellung auf Zenitlotung durch die obere bzw. Nadirlotung durch die untere Öffnung des Lotgeräts. Mittels Klemmen und Feintriebschrauben kann die Lage des Lotgeräts in horizontaler und vertikaler Richtung reguliert werden. Das Gerät zeichnet sich durch kompakte Bauweise mit den Abmessungen 120 mm × 120 mm × 300 mm sowie eine Masse von 4 kg (ohne Stativ) aus.
Die Lotmessungen erfolgen sowohl auf visuellem Wege über das Fernrohrobjektiv und -okular als auch mittels Laserstrahls. Bei letzterem wird die Lage des Strahls auf Durchlichtzieltafeln projiziert, die ein Koordinatengitter oder konzentrische Kreise besitzen.
Die *Laserlotgeräte mit Quecksilberhorizont,* die an der Universität New-Brunswick (Kanada) entwickelt wurden, nutzen die Horizontalität der Quecksilberoberfläche für die Realisierung der Vertikalität des Laserstrahls und erreichen dabei eine Genauigkeit bis zu $\pm 0{,}5''$.
Bild 1.39 zeigt das Funktionsprinzip des Nadirlots. Der Zielstrahl des Autokollimationsfernrohrs *4* fällt auf den Planspiegel *1*, dessen Rechtwinkligkeit durch Prüfung der Übereinstimmung des Strichkreuzes mit seiner reflektierten Abbildung kontrolliert wird. Mittels Einstellmechanismen wird das Laserrohr *2* und damit das Gesamtgerät so reguliert, daß die beiden Laserstrahlen, die vom Planspiegel *1* einerseits und dem Quecksilberhorizont *5* andererseits reflektiert werden, mit dem Zentrum des Strichkreuzes zusammenfallen. Wenn nun der Behälter mit dem Quecksilberhorizont *5* entfernt wird, besitzt der abgesandte Laserstrahl eine lotrechte Lage und gibt somit den Nadir an. Die Lichtteilung des Laserstrahls

erfolgt mittels einer dünnen Spezialfolie *3*, die den Vorteil einer geringen Genauigkeitsbeeinflussung und der Reduzierung der inneren Reflektion im Verhältnis zu anderen Lichtteilern besaß, aber den Nachteil der Nichteignung unter feuchten Schachtbedingungen aufwies. Infolgedessen mußte die Folie durch eine planparallele Glasplatte mit spezieller Oberflächenvergütung ersetzt werden. Das optische Autokollimationsfernrohr besitzt bei einem Objektivdurchmesser von 60 mm eine 40fache Vergrößerung.
Aufgrund der gewonnenen Untersuchungsergebnisse ist es möglich, einen Laserstrahl mit der Genauigkeit von $\pm 5''$ in wesentlich kürzerer Zeit als mit mechanischen oder optischen Methoden auszurichten. Durch Anordnung eines zweiten Lichtteilers kann das Gerät auch für Zenitlotungen benutzt werden. Das Labormuster, welches mit einem He-Ne-Laser (Ausgangsleistung 1 mW) und dem Autokollimationsfernrohr eines Sekundentheodolits ausgerüstet war, hat seine Erprobungsphase erfolgreich durchlaufen.
Die Weiterentwicklung dieses Geräts zielte darauf ab, die Genauigkeit der Laserlotung wesentlich zu erhöhen. Zunächst wurde am Okular des Autokollimationsfernrohrs ein blaues Lichtfilter zum Schutz des menschlichen Auges vor intensiver Laserstrahlung und zur Erhöhung der Beobachtungsgenauigkeit für die Orientierung des Laserpunktes zum Strichkreuz angebracht. Weiterhin wurde der Mechanismus für die Regulierung des Planspiegels bei der Autokollimation verbessert. Wesentliche Veränderungen bezogen sich jedoch auf die fotoelektrische Registrierung der Autokollimation und die Nutzung des Beugungseffekts der Lichtwellen des Laserstrahls für die Zwecke der Lotung.
In Bild 1.40 ist gezeigt, wie der aus dem Laserrohr *3* austretende Strahl durch einen kleinen ringförmigen Spalt geführt wird, welcher Beugungs-

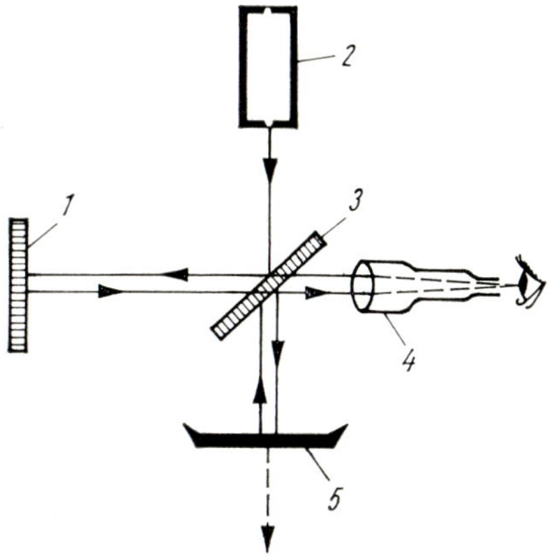

Bild 1.39. Funktionsprinzip des Nadirlots mit Quecksilberhorizont

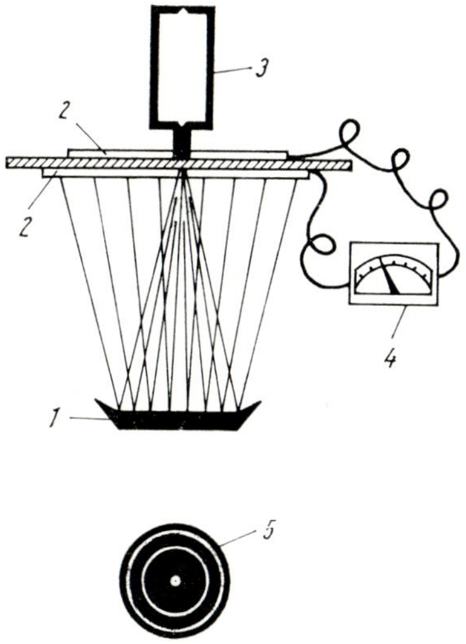

Bild 1.40. Prinzip der fotoelektrischen Registrierung beim Laserlot

erscheinungen hervorruft, danach auf den Quecksilberhorizont trifft und von dort reflektiert an die Platte *2* gelangt. Hier befinden sich an der Unterseite eine Reihe von Fotozellen, deren elektrooptisches Verhalten vom Detektor *4* angezeigt wird. Auch an der Oberseite sind Fotozellen angebracht, mit deren Hilfe der Beugungsspalt bezüglich des Laserstrahls zentriert wird. Tritt der Laserstrahl durch die Mittelöffnung des Fotodetektors mit einem Durchmesser von 200 μm aus, bildet er auf der Oberfläche *1* des Quecksilberhorizonts ein Beugungsbild *5* mit zentralem Lichtpunkt und konzentrischen Ringen unterschiedlicher Helligkeit. Dieses Beugungsbild wird auf die unteren Fotozellen reflektiert und von diesen je nach auftretender Helligkeit in elektrischen Strom für die Detektoranzeige umgewandelt. Der Detektor ist so eingerichtet, daß er sich bei Zentrallage des Laserpunkts in Nullstellung befindet und damit die vertikale Ausrichtung des Laserstrahls anzeigt. Bei Abweichung der Detektoranzeige von der Nullstellung ist das Laserrohr in seiner Lage zu verändern und damit die Zentrierung herbeizuführen. Die Genauigkeit dieses Verfahrens ist von der Beobachtungsgenauigkeit bei der Autokollimation sowie des Abstands zwischen dem Quecksilberhorizont und der Platte mit den Fotoelementen abhängig. Bei Laboruntersuchungen erreichte man auf eine Entfernung von 10 m bei einem Abstand zwischen Platte und Horizont von 1 m eine Lotrechtstellung des Laserstrahls von $\pm 0{,}3''$.

2. Untersuchung und Berichtigung von Lasergeräten

2.1. Prüfung des Lasertheodolits

2.1.1. Konstruktionsachsen und Forderungen

Bei Messungen mit dem Lasertheodolit werden die Meßergebnisse durch Fehlereinflüsse beeinträchtigt, deren Ursachen neben denen des Beobachters und des Zustands der Atmosphäre (über Einflüsse und Ausschaltung der Refraktion des Laserstrahls geben [2], [23], [24], [49], [65] Auskunft) in der Unvollkommenheit des Meßinstruments liegen. Aus diesem Grund werden an die gegenseitige Lage der einzelnen Konstruktionsachsen sowie die Funktion bestimmter Bauteile eine Reihe von geometrischen Forderungen gestellt.

Bei den Konstruktionsachsen werden folgende unterschieden:

$L-L$ Achse der Röhrenlibelle am Gehäuse des Lasertheodolits
$V-V$ Stehachse (vertikales Drehachsensystem)
$K-K$ Kippachse des Laser- oder Fernrohrs
$S-S$ Achse des ausgesandten Laserstrahls
$Z-Z$ Zielachse des optischen Fernrohrs
$L''-L''$ Achse der Röhrenlibelle auf dem Laser- oder Fernrohr.

In Anlehnung an die geometrischen Forderungen beim optischen Theodolit [10] müssen beim Lasertheodolit folgende Achsenfehler bzw. Konstruktionsdetails justiert werden, wenn die nachfolgend genannten Forderungen nicht gewährleistet sind:

a) $L-L \perp V-V$ (Stehachsenfehler)
b) $S-S \perp K-K$ bzw. $Z-Z \perp K-K$ (Zielachsen- oder Kollimationsfehler)
c) $K-K \perp V-V$ (Kippachsenfehler)
d) $S-S \parallel Z-Z$ (Parallelität von Laser- und Zielachse)
e) $S-S \parallel L''-L''$ (Parallelität von Laser- und Fernrohrlibellenachse)
f) $S-S$ und $V-V$ schneiden sich in einem Punkt
g) Vertikalstrich der Strichplatte $\perp K-K$
h) $S-S$, $Z-Z$ und Vertikalstrich der Strichplatte befinden sich in einer Ebene.
i) Achse der Zentriereinrichtung $|||$ $V-V$
j) Elimination des Höhenindexfehlers am Vertikalkreis
k) Ausschaltung des Gangeinflusses der Fokussierlinse.

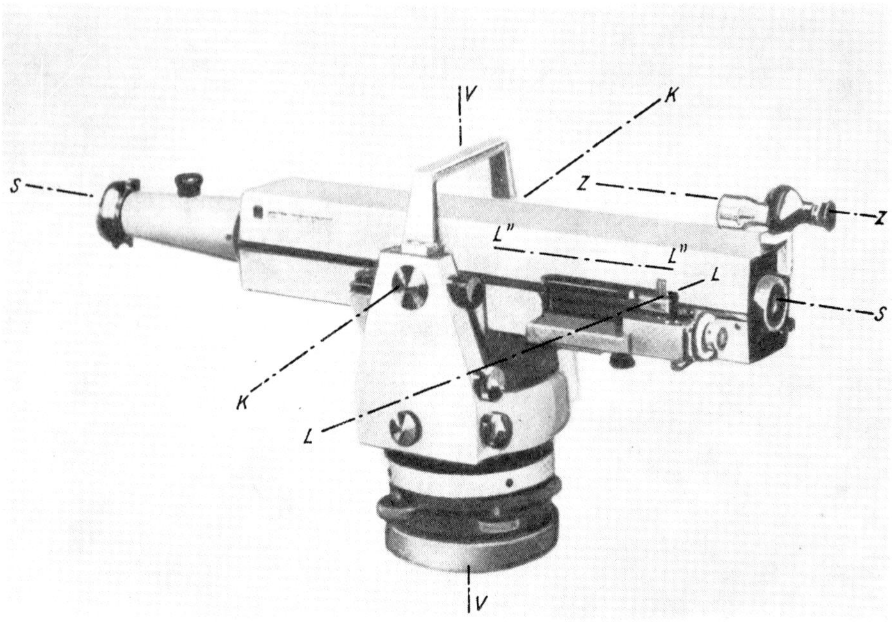

Bild 2.1. Lasertheodolit mit kippbarem Laserrohr (Achsschema)

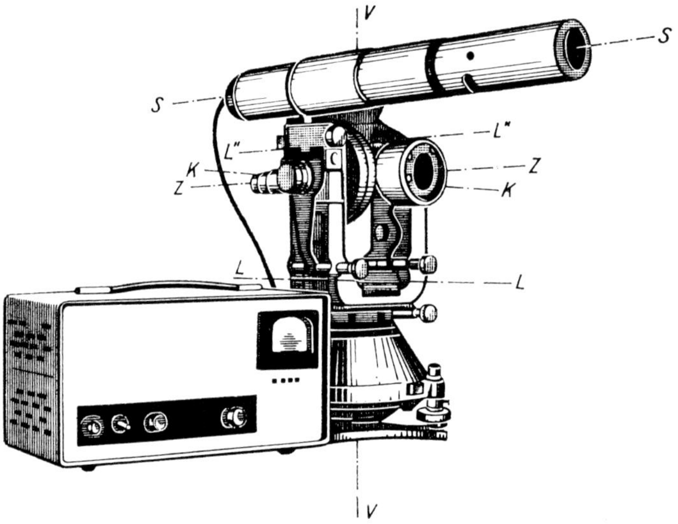

Bild 2.2. Lasertheodolit mit aufgesetztem Laserrohr (Achsschema)

Nachfolgend wird zwischen zwei Gerätetypen unterschieden:

1. Lasertheodolit mit kippbar gelagertem Laserrohr und darauf aufmontiertem Zielfernrohr (Bild 2.1)
2. Lasertheodolit mit kippbar gelagertem Fernrohr und aufgesetztem Laserrohr (Bild 2.2).

2.1.2. Untersuchung des Lasertheodolits mit kippbarem Laserrohr

Die nachfolgende Beschreibung der Untersuchung und Berichtigung des Lasertheodolits mit kippbarem Laserrohr und aufmontiertem Fernrohr wird in der notwendigen Reihenfolge der Arbeitsgänge behandelt.

1. Ausschaltung des Stehachsenfehlers ($L-L \perp V-V$)

Die Überprüfung erfolgt analog der in der Literatur hinreichend beschriebenen und in der Praxis bekannten Kontrolle und Justierung der Röhrenlibelle beim optischen Theodolit.

2. Zentriereinrichtung identisch mit Stehachse $V-V$

Die Bedingung ist erfüllt, wenn bei Drehung des Instrumentenoberteils um 180° die Abbildung des Aufstellungspunkts im Zentrum des Strichkreuzes vom optischen Lot verbleibt. Ist dies nicht der Fall, muß eine Strichplatte gemeinsam mit dem Okularring in eine Lage verschoben werden, bei der die zu kontrollierende Bedingung eingehalten ist.

3. Schnittpunkt zwischen Laserstrahl- und Stehachse

Zur Überprüfung der Forderung, daß sich die Laserstrahlachse $S-S$ mit der Stehachse $V-V$ in einem Punkt schneiden soll, stellt man das Instrument über dem Punkt S auf, zentriert und horizontiert es (Bild 2.3). Das Laserrohr wird in die Horizontallage gekippt und der Strahl auf eine Zieltafel ausgerichtet, die 20 ... 30 m entfernt in gleicher Höhe mit dem Instrument steht. Das Zentrum des Laserpunkts wird auf der Zieltafel markiert und auf den darunterstehenden Pfahl P_2 abgelotet. Auf gleiche Weise wird die Laserstrahlachse im Punkt P_1 festgelegt, der sich nur 2 ... 3 m vom Instrument entfernt befindet.
Nun wird im Zielpunkt P_2 ein Hilfstheodolit aufgestellt, auf den Punkt P_1 orientiert und ohne Veränderung der Seitenrichtung des Theodolits das Fernrohr auf die Zentrierung des Lasertheodolits im Punkt S gekippt. Unter Beachtung der Messungsgenauigkeit muß die Flucht des Hilfstheodolits mit der Zentrierung des Lasertheodolits übereinstimmen. Die

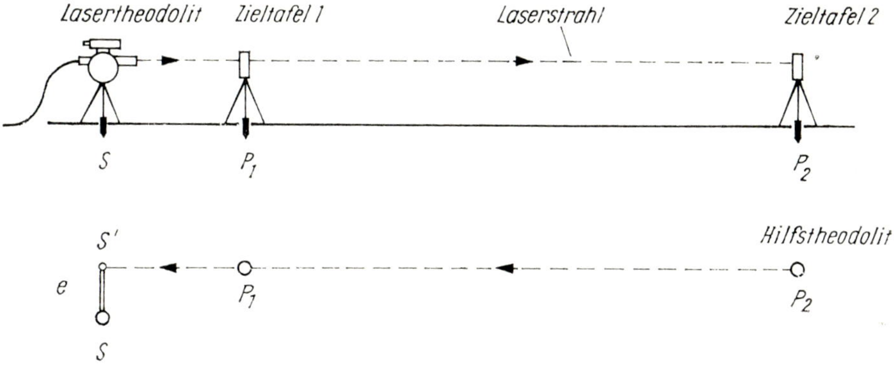

Bild 2.3. Überprüfung der Schnittpunktforderung zwischen Laserstrahl- und Stehachse

evtl. auftretende Abweichung stellt die Exzentrizität e zwischen Stehachse $V-V$ und Laserstrahlachse $S-S$ dar.
Zur Beseitigung der Exzentrizität verschiebt man die Laserstrahlachse seitlich nach links oder rechts durch Veränderung des Kollimators oder des ganzen Strahlers, wobei das Instrument nicht verdreht werden darf.

4. Ausschaltung des Kollimationsfehlers ($S-S \perp K-K$)

Unter der Voraussetzung, daß das Laserrohr des Theodolits durchschlag- oder in den Lagern umlegbar ist, wird die Bedingung der Rechtwinkligkeit zwischen Laserstrahlachse $S-S$ und Kippachse $K-K$ folgendermaßen überprüft:
Bei näherungsweise horizontaler Lage des Laserrohrs wird das Zentrum des Laserstrahls auf eine 200 ... 300 m entfernte Zieltafel ausgerichtet und die Richtung r_1 am Horizontalkreis des Lasertheodolits abgelesen. Nach Durchschlagen oder Umsetzen des Laserrohrs erfolgt der Anziel- und Ablesevorgang nochmals, und man erhält r_2.
Wenn sich die Ablesungen r_1 und r_2 nicht nur um $\pm 180°$ bzw. 200 gon unterscheiden, stehen Laserstrahlachse $S-S$ sowie Kippachse $K-K$ nicht rechtwinklig zueinander, und es liegt ein Kollimationsfehler c vor, den man unter Annahme der horizontalen Zielung folgendermaßen berechnet:

$$c = \frac{r_2 - r_1 \pm 180°}{2} \tag{2.1}$$

Zur Ausschaltung des Einflusses der Alhidadenexzentrizität sollte bei Lasertheodoliten mit einseitiger Ablesevorrichtung am Horizontalkreis die Überprüfung bei zwei Horizontalkreislagen durchgeführt werden, die sich um 180° unterscheiden. Als Endwert ist für c dann das Mittel aus beiden Bestimmungen anzugeben. Die Justierung des Kollimatorfehlers c wird folgendermaßen durchgeführt:
Man berechnet das Mittel aus beiden Ablesungen r_1 und $r_2 \pm 180°$ und stellt diesen Wert in Strahlrohrlage I am Horizontalkreis mit Hilfe des Seitenfeintriebs ein, wodurch sich der Laserpunkt vom Zentrum der Zieltafel entfernt. Mittels der Justierschrauben wird der Kollimator des Strahlrohrs in eine solche Lage verschoben, daß das Zentrum des Laserstrahls sich wieder im Zentrum der Zieltafel befindet.
Bei Lasertheodoliten, deren Strahlrohr weder durchschlagbar noch umlegbar ist, sollte man die Kontrolle der Rechtwinkligkeit zwischen Laserstrahlachse $S-S$ und Kippachse $K-K$ erst nach der Kontrolle der drei nachfolgenden Forderungen bezüglich der Parallelität zwischen Laserstrahlachse $S-S$ und Zielachse $Z-Z$ des Fernrohrs ausführen. Dann ist folgende Untersuchung vorzunehmen:
In einem Abstand von 10 ... 15 m zum aufgestellten Lasertheodolit wird ein Lot mit langer Schnur so aufgehängt, daß das Strahlrohr in einem Neigungswinkel von $\pm 30°$ (besser $\pm 45°$) auf die Lotschnur ausgerichtet werden kann. Zur Dämpfung auftretender Schwingungen wird das Lot in ein Gefäß mit Wasser oder Öl eingebracht. Man zielt mit dem optischen

Fernrohr auf dem Laserstrahler die Lotschnur an und beobachtet beim Kippen des Strahlrohrs, ob das Strichkreuz von der Abbildung der Lotschnur abweicht oder nicht. Beim Auftreten von Abweichungen bringt man durch Verdrehen der Fußschrauben des Geräts die Kippachse in eine solche Lage, daß das Fernrohr mit seinem Strichkreuz bei gleich großer positiver und negativer Neigung des Strahlrohrs auf die Lotschnur ausgerichtet ist. Nun bringt man das Strahlrohr in die Horizontallage, und wenn dabei das Strichkreuz nicht von der Abbildung der Lotschnur abweicht, ist die Bedingung $S-S \perp K-K$ erfüllt. Zeigt sich eine Abweichung, so ist sie die Auswirkung des Kollimationsfehlers, dessen Größe aufgrund der nachfolgenden Darlegungen bestimmt werden kann:
Der Einfluß (c) des Kollimationsfehlers c auf die in einer Fernrohrlage beobachtete Richtung ist abhängig vom Höhenwinkel α

$$(c) = \frac{c}{\sin \alpha} \tag{2.2}$$

Wird bei vorhandenem Kollimationsfehler c die vertikale Lotschnur einmal geneigt unter einem Höhenwinkel α (Horizontalkreisablesung M_α) und einmal horizontal (Ablesung M_0) angezielt, so entsteht die Beziehung

$$M_\alpha - M_0 = \frac{c}{\sin \alpha} - c \tag{2.3}$$

und man kann den Kollimationsfehler c berechnen

$$c = \frac{(M_\alpha - M_0) \cdot \sin \alpha}{1 - \sin \alpha} \tag{2.4}$$

Es genügt dabei, den Höhenwinkel α auf $\pm 3 \ldots 4^\circ$ genau zu ermitteln.
Zur Justierung ermittelt man die fehlerfreie Horizontalkreisablesung M

$$M = M_0 - c \tag{2.5}$$

und stellt diese mit dem Feintrieb am Horizontalkreis ein, wobei nun die Lotschnur nicht mehr mit dem Strichkreuz übereinstimmt.
Die Strichplatte wird mit den horizontal wirkenden Justierschrauben so verschoben, daß sich Vertikalstrich und Lotschnur wieder überdecken. Man wiederholt den Vorgang zur Kontrolle.
Die Rechtwinkligkeit zwischen der Zielachse des Fernrohrs auf dem Strahlrohr und der Kippachse des Strahlrohrs ist nun realisiert. Jetzt ist es nur noch notwendig, die Parallelität zwischen der Zielachse des Fernrohrs $Z-Z$ und der Laserstrahlachse $S-S$ zu sichern. Hierzu richtet man den Laserstrahl auf eine Zieltafel, die 200 ... 300 m vom Instrument entfernt aufgestellt ist, und beobachtet im Fernrohr, ob die Abbildung des Lichtpunkts gegenüber dem Strichkreuz verschoben ist. In diesem Falle dreht man den Laserkollimator mit seinen horizontal wirkenden Justierschrauben in die Lage, bei der das Zentrum des Lichtpunkts auf dem Vertikalstrich des Strichkreuzes erscheint und sich der Abstand vom Horizontalstrich nicht ändert. Bei Geräten, deren Kollimator fest angebracht ist, justiert man das gesamte Strahlrohr durch Drehung.

5. Vertikalstrich der Strichplatte senkrecht zur Kippachse

Da beim Kippen des Laserrohrs um seine Kippachse $K-K$ das Fernrohr mit der Zielachse $Z-Z$ die gleiche Bewegung beschreibt, kann die Untersuchung ähnlich wie beim optischen Theodolit ausgeführt werden.

6. Laserstrahlachse $S-S$, Zielachse $Z-Z$ und Vertikalstrich liegen in einer Ebene

Diese Forderung wird durch ein Iterationsverfahren kontrolliert (Bild 2.4). Man richtet den Laserstrahl auf eine Zieltafel Z_2 aus, die 200 ... 300 m entfernt vom Instrument gelegen ist, und beobachtet im Fernrohr die Lage des Laserpunkts bezüglich des Vertikalstrichs des Strichkreuzes. Ist die Projektion des Laserstrahls nach links oder rechts verschoben, wird die Zielachse des Fernrohrs auf die Lage des Laserpunkts justiert, wobei man das Strichkreuz mit den horizontal wirkenden Justierschrauben verschiebt. Danach richtet man den Laserstrahl auf eine nur 10 ... 20 m vom Instrument entfernte Zieltafel Z_1, auf der man in gleicher Höhe nacheinander die Lage des Laserpunktzentrums und der Zielachse des Fernrohrs markiert. Der Unterschied zwischen den beiden markierten Punkten auf der Zieltafel zeigt an, um welchen Betrag die Zielachse des Fernrohrs in bezug auf den Laserpunkt verschoben werden muß.
Nach der Verschiebung richtet man den Laserstrahl von neuem auf die entfernte Zieltafel Z_2 und führt den ersten Teil der Kontrolle und gegebenenfalls Berichtigung nochmals durch. Auch der zweite Teil wird wiederholt. Dies geschieht so lange, bis die geforderte Genauigkeit der Übereinstimmung erreicht worden ist.

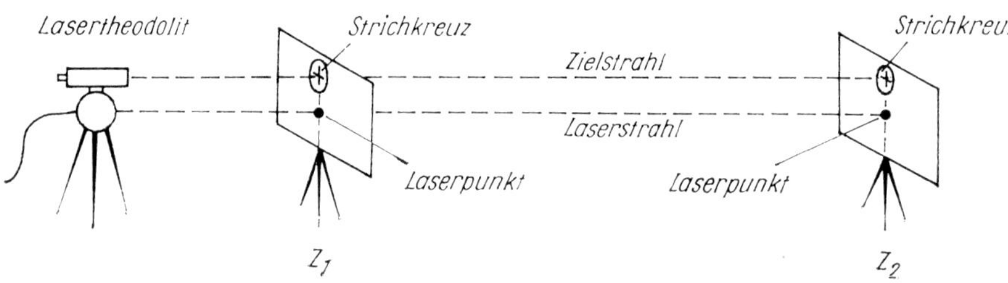

Bild 2.4. Überprüfung der Ebenenforderung für Laserstrahl- und Zielachse sowie Vertikalstrich des Strichkreuzes

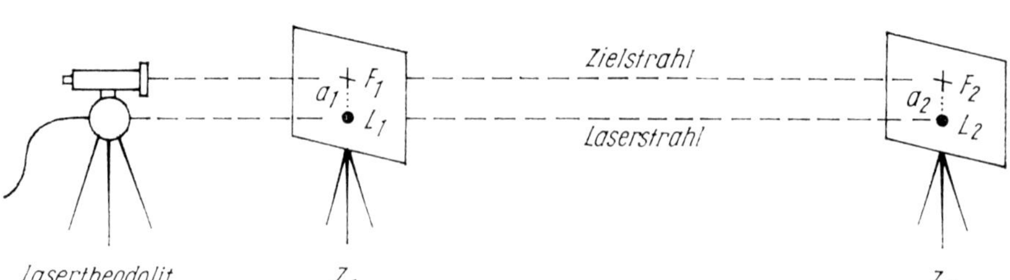

Bild 2.5. Überprüfung der Parallelität von Laserstrahl- und Zielachse

7. Parallelität von Laserstrahl- und Zielachse ($S-S \parallel Z-Z$)

Zur Untersuchung verwendet man die gleiche Anordnung der Zieltafeln wie unter 6. (Bild 2.5). Zunächst richtet man den Lasertheodolit auf die nahegelegene Zieltafel Z_1 aus, markiert dort die Lage des Laserpunkts L_1 sowie die der Zielachse F_1 und mißt den Abstand a_1 zwischen beiden. Nun orientiert man den Laserstrahl auf die weiter entfernte Zieltafel Z_2, markiert dort die beiden Zentren L_2 sowie F_2 und bestimmt den Abstand a_2. Die beiden Abstände a_1 und a_2 sind bei erfüllter Parallelitätsforderung gleich.
Zur Justierung bei nicht erfüllter Parallelität zwischen Laserstrahl- und Zielachse trägt man auf der Zieltafel Z_2 vom Punkt L_2 aus den auf Z_1 ermittelten Abstand a_1 ab und verändert mit den Justierschrauben die Fernrohrneigung so, daß das Strichkreuz genau auf den abgesetzten Punkt zeigt. Es ist notwendig, den Vorgang so lange zu wiederholen, bis die Abstände a_1 und a_2 gleich groß sind.

8. Ausschaltung des Kippachsenfehlers ($K-K \perp V-V$)

Bei der Untersuchung des Kippachsenfehlers von Lasertheodoliten mit durchschlagbarem Laserrohr stellt man das Instrument 15 ... 20 m von einer vertikalen Gebäudewand entfernt auf und führt den Laserpunkt auf eine Zielmarke M an der Wand, die einen Höhenwinkel von mindestens 30° aufweist (Bild 2.6).
Danach kippt man das Strahlrohr in die Horizontallage und markiert an der Wand im Zentrum des Laserpunkts den Punkt M_1. Nachdem das Strahlrohr durchgeschlagen wurde, richtet man den Laserstrahl nochmals auf den hochgelegenen Punkt M, und nach Kippung in die Horizontallage markiert man den Punkt M_2 an der Wand. Bei einem funktionsfähigen Instrument darf der ermittelte Abstand l zwischen den beiden erhaltenen Punkten M_1 und M_2 nicht den Wert

$$l_{\text{zul}} = \tau \cdot \tan \alpha \cdot \frac{d}{\varrho} \tag{2.6}$$

überschreiten, wobei τ die Teilungseinheit der Alhidadenlibelle, α der Höhenwinkel des geneigten Strahls auf den Punkt M und d die Entfernung zwischen Lasertheodolit und Gebäudewand ist ($\varrho = 206265''$).

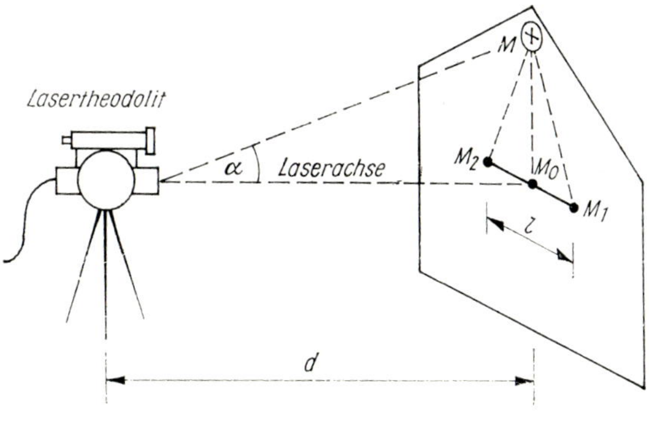

Bild 2.6. Messungsanordnung zur Ausschaltung des Kippachsenfehlers

Ist der ermittelte Abstand l nicht größer als die berechnete Größe l_{zul}, betrachten wir die Forderung als erfüllt, andernfalls liegt ein Kippachsenfehler vor, der berichtigt werden muß. Man richtet den Laserpunkt auf M_0 ein, der in der Mitte zwischen M_1 und M_2 markiert wurde, kippt das Strahlrohr nach oben, wobei Laserpunkt und M nicht mehr zusammenfallen. Mit den Justierschrauben am Kippachsenlager verändert man die Achsneigung so lange, bis der Laserpunkt wieder in M erscheint. Da in die Gl. (2.6) mit τ die Genauigkeit der Vertikalstellung der Stehachse (Horizontierung, Stehachsenfehler) eingeht und sich somit auf die Kippachsenneigung auswirkt, ist eine genauere Bestimmung nicht notwendig.
Zur Kontrolle des Lasertheodolits mit einem Strahlrohr, welches weder durchschlagbar noch umsetzbar ist, empfiehlt es sich, einen Hilfstheodolit mit gut justierter Alhidadenlibelle zu benutzen. Man stellt den Hilfstheodolit 15 ... 20 m von der Gebäudewand entfernt auf und bringt seine Stehachse sorgfältig in die Vertikallage. Auf der Wand wählt man den hochgelegenen Punkt M aus, projiziert durch Ebenenlotung in zwei Fernrohrlagen die Punkte M_1 und M_2 (Bild 2.6) und erhält bei der Mittelung den Punkt M_0, der mit M in einer Vertikalebene liegt.
Den Hilfstheodolit tauscht man gegen den Lasertheodolit, dessen Stehachse durch sorgfältige Horizontierung in die lotrechte Lage gebracht wird. Nun wird der Laserstrahl auf den hochgelegenen Punkt M gerichtet, wobei mit dem Fernrohr beobachtet wird, daß sich M im Zentrum des Lichtpunkts befindet. Hierauf muß das Strahlrohr in die Horizontallage gekippt werden, und das Zentrum des Lichtpunkts sollte mit dem Punkt M_0 übereinstimmen. Wird nun eine Abweichung l' ermittelt, muß sie kleiner als der nachstehende Wert

$$l'_{zul} = 0{,}5 \cdot \tau \cdot \tan \alpha \cdot \frac{d}{\varrho} \tag{2.7}$$

mit den gleichen Parametern wie bei Gl. (2.6) sein. Ist die vorgenannte Forderung nicht eingehalten, so wird die Berichtigung durch Veränderung der Kippachsenlager wie vorstehend beschrieben ausgeführt.
Bei Lasertheodoliten mit umlegbarem Strahlrohr fixiert man zunächst den Punkt M_0 mit einem Hilfstheodolit und führt die Untersuchung zweimal in beiden Strahlrohrlagen durch, wobei die Zulässigkeit der Abweichung l' nach (2.7) berechnet wird.
Für Untersuchungen des Kippachsenfehlers bei Lasertheodoliten aller Konstruktionssysteme ist zu bemerken, daß sich hierfür auch das Zielfernrohr verwenden läßt, wie es bei der Kippachsenprüfung des optischen Theodolits üblich ist, weil Zielachse $Z-Z$ und Laserstrahlachse $S-S$ um die gemeinsame Kippachse $K-K$ gedreht werden. Die Justierung der Kippachsenlage ist vom Mechaniker unter Werkstattbedingungen auszuführen.

9. Parallelität von Laserstrahl- und Strahlrohrlibellenachse ($S-S \parallel L''-L''$)

Mit einer Libelle am Strahlrohrgehäuse kann die Achse des Laserstrahls in die Horizontallage gebracht werden. Dazu muß aber die Parallelität zwischen Laserstrahlachse und Libellenachse vorhanden sein, was analog dem Nivellierinstrument untersucht sowie berichtigt wird und bei den Lasernivellieren (Abschn. 2.2.2., Untersuchung *3*) beschrieben ist.

10. Ausschaltung des Höhenindexfehlers am Vertikalkreis

Die Winkelangabe am Vertikalkreis des Lasertheodolits sollte frei vom Einfluß des Höhenindexfehlers sein. Bei Instrumenten mit durchschlagbarem oder umlegbarem Strahlrohr wird die Untersuchung analog wie beim optischen Theodolit ausgeführt.
Ist ein Lasertheodolit zu untersuchen, dessen Strahlrohr weder durchschlagbar noch in den Lagern umlegbar ist, wird die Untersuchung wie beim Nivellierinstrument (Abschn. 2.2.2., Untersuchung *3*) ausgeführt. Dabei ist streng darauf zu achten, daß der Vertikalkreis genau die Horizontalrichtung 0° bzw. 90° (100 gon) anzeigt und die Höhenindexlibelle stets einspielt.
Analog dem Nivellierinstrument stellt man an der entfernten Latte die fehlerfreie Soll-Ablesung des Laserstrahls mit dem Höhenfeintrieb ein, bringt mit der Höhenindexschraube den Vertikalkreis in die oben genannte Nullablesung der Horizontalrichtung und justiert den sich nunmehr zeigenden Ausschlag der Höhenindexlibelle bzw. verschiebt bei Kompensatorgeräten die Strichplatte.

11. Ausschaltung des Gangeinflusses der Fokussierlinse

Bei der Fokussierung des Laserkollimators auf unterschiedliche Entfernungen muß die Achslage des Laserstrahls unverändert bleiben, d. h., es darf kein Gang der Fokussierlinse auftreten. Bei Lasertheodoliten mit umschlagbarem oder umlegbarem Strahlrohr wird die Untersuchung des Fokussierfehlers so ausgeführt, daß der Laserstrahl hintereinander auf mehrere Zieltafeln gerichtet wird, die auf einer Geraden mit dem Gerät liegen (Bild 2.7). Auf jeder Zieltafel wird in beiden Strahlrohrlagen jeweils die Lage des Laserpunkts auf einer Skale abgelesen und analog Untersuchung *4* der Zielachsenfehler c_i berechnet. Die Amplituden der unterschiedlichen Größen von c_i bei verschiedenen Entfernungen dürfen nicht größer sein als die standardisierten Abweichungen aus der Konstruktion des Lasertheodolits. Bei signifikanten Abweichungen der Größe des Zielachsenfehlers wird die

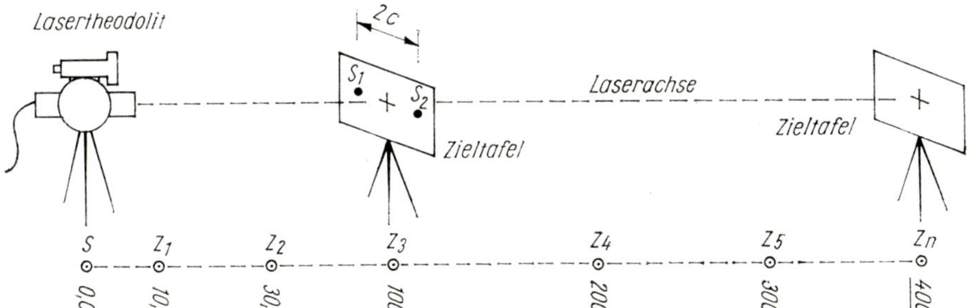

Bild 2.7. Ausschaltung des Gangeinflusses der Fokussierlinse (Messungsanordnung)

Berichtigung wie bei Untersuchung *4* für eine Entfernung vorgenommen, die sich aus dem typischen Geräteeinsatz bei Feldarbeiten ergibt.
Ist ein Lasertheodolit mit einem Strahlrohr zu untersuchen, das weder durchschlag- noch umlegbar ist, werden die obengenannten Zieltafeln zunächst mit einem Hilfstheodolit sorgfältig in eine Gerade mit dem Lasergerät eingefluchtet. Der Laserstrahl wird auf die im Endpunkt Z_n befindliche Zieltafel ausgerichtet und fokussiert. Anschließend werden nach jeweiliger Fokussierung an jeder Zieltafel der Horizontalabstand q_i des Laserpunkts vom eingerichteten Nullpunkt der Flucht gemessen und daraus die Winkel c_i abgeleitet

$$c_i = \frac{q_i}{d_i} \cdot \varrho \tag{2.8}$$

wobei d_i die Entfernung vom Instrument zu den jeweiligen Zieltafeln darstellt ($\varrho = 206265''$).

2.1.3. Untersuchung des Lasertheodolits mit kippbarem Fernrohr

Der Lasertheodolit mit kippbar gelagertem Fernrohr und aufgesetztem Laserrohr stellt konstruktiv einen optischen Theodolit mit Laseraufsatz dar. Hieraus ergibt sich eine besondere Reihenfolge der Untersuchung der in Abschn. 2.1.1. genannten Forderungen, wobei zunächst die den optischen Theodolit betreffenden behandelt werden und abschließend die Parallelität zwischen Laser- und Fernrohrachse untersucht wird. Die Untersuchungsmethodik ist im vorangegangenen Abschn. 2.1.2. ausführlich dargestellt.

a) Untersuchung des optischen Teils

1. Ausschaltung des Stehachsenfehlers ($L{-}L \perp V{-}V$) analog der Untersuchung *1* beim Lasertheodolit mit kippbarem Strahlrohr
2. Vertikalstrich der Strichplatte senkrecht zur Kippachse $K{-}K$ entsprechend Untersuchung *5*
3. Ausschaltung des Kollimationsfehlers ($Z{-}Z \perp K{-}K$), wie in Untersuchung *4*, wobei an Stelle der Laserstrahlachse $S{-}S$ die Zielachse $Z{-}Z$ tritt
4. Ausschaltung des Kippachsenfehlers ($K{-}K \perp V{-}V$) gemäß Untersuchung *8*
5. Parallelität von Ziel- und Fernrohrlibellenachse ($L''{-}L'' \parallel Z{-}Z$), wie bei Untersuchung *9*, wobei die Libelle am Fernrohr befestigt und die Laserstrahlachse $S{-}S$ mit der Zielachse $Z{-}Z$ vertauscht ist, bzw. wie bei Abschn. 2.2.2., Untersuchung *3*
6. Ausschaltung des Höhenindexfehlers am Vertikalkreis, wie in Untersuchung *10* beschrieben
7. Ausschaltung des Gangeinflusses der Fokussierlinse des Fernrohrs gemäß Untersuchung *12* beim Laserrohr
8. Achse der Zentriereinrichtung ident. mit Stehachse $V{-}V$, wie in Untersuchung *2* beschrieben.

Es empfiehlt sich bei den vorgenannten Untersuchungen, den Laseraufsatz vom Theodolit zu entfernen (besonders die Untersuchungen *3*, *4*, *6* und *7* betreffend), weil er das Durchschlagen des Fernrohrs behindert. Bei Geräten mit schwierigen Demontagebedingungen sollte man modifiziert die Untersuchungen anwenden, welche im Abschn. 2.1.2. für Lasertheodolite mit Strahlrohren, die nicht durchschlag- oder umlegbar sind, zutreffen. Dabei übernimmt die Fernrohrzielachse $Z-Z$ jeweils die Funktion der Laserstrahlachse $S-S$.

b) Untersuchung des aufmontierten Laseraufsatzes

1. Schnittpunkt zwischen Laserstrahl- und Stehachse ($S-S$ und $V-V$), wie in Untersuchung *3* beschrieben
2. Laserstrahlachse $S-S$, Zielachse $Z-Z$ und Vertikalstrich liegen in einer Ebene.
   Der Laserstrahl wird auf eine 200 ... 300 m vom Instrument entfernt aufgestellte Zieltafel ausgerichtet und im Fernrohr die Lage des Lichtpunkts in bezug auf den Vertikalstrich des Strichkreuzes beobachtet. Weicht der Laserpunkt nach links oder rechts vom Vertikalstrich ab, so wird der Laserkollimator mit Hilfe der Justierschrauben so in seiner Horizontalebene verändert, bis Laserpunkt und Vertikalstrich bei der Beobachtung auf der Zieltafel übereinstimmen.
3. Parallelität von Laserstrahl- und Zielachse ($S-S \parallel Z-Z$), analog Untersuchung *7* in Abschn. 2.1.2.
   Bei einer notwendigen Justierung muß der Laserkollimator vertikal in seiner Neigung verändert werden, wobei der Schnittpunkt zwischen $S-S$ und $V-V$ erhalten bleiben muß.

2.2. Prüfung des Lasernivelliers

2.2.1. Konstruktionsachsen und Forderungen [13], [14]

Wie beim Lasertheodolit werden auch bei Anwendung des Lasernivelliers die Meßergebnisse durch Einflüsse, die von Beobachter, Zustand der Atmosphäre und der Konstruktion des Meßinstruments verursacht werden, verfälscht. An die gegenseitige Lage der Konstruktionsachsen und die Funktion bestimmter Bauteile werden eine Reihe geometrischer Forderungen gestellt. Wesentliche Konstruktionsachsen stellen dar (Bild 2.8):

$L'-L'$ Achse der Dosenlibelle
$L-L$ Achse der Röhrenlibelle
$V-V$ Stehachse (vertikale Drehachse)
$S-S$ Achse des ausgesandten Laserstrahls
$Z-Z$ Zielachse des optischen Fernrohrs.

Die verschiedenen Arten der Lasernivelliere lassen sich in folgende Gerätetypen systematisieren:

1. Lasernivellier mit Libelle am Laserrohr
2. Lasernivellier mit Libelle am Aufsatzfernrohr
3. Lasernivellier mit Kompensator
4. Rotationslaser.

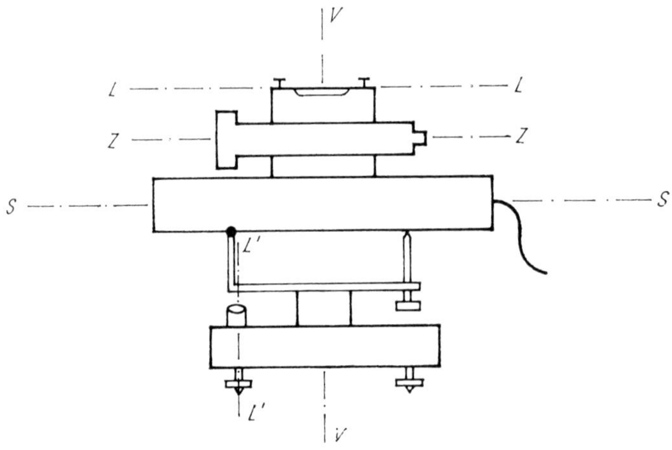

Bild 2.8. Achsschema des Lasernivelliers

Analog zu den geometrischen Forderungen beim optischen Nivellierinstrument müssen beim Lasernivellier folgende Bedingungen erfüllt sein:

Allgemeine Bedingungen

a) $L'-L' \parallel V-V$ bzw. $L-L \perp V-V$ (Stehachsenfehler)
b) Horizontalstrich der Strichplatte rechtwinklig zu $V-V$

Bedingungen bei Lasernivellieren mit Libellen

c) $L-L$ und $S-S$ befinden sich in parallelen Lotebenen (Libellenkreuzungsfehler)
d) $L-L \parallel S-S$ (Hauptforderung)
e) $Z-Z \parallel S-S$

Bedingungen bei Lasernivellieren mit Kompensator bzw. Rotationslasern

f) $S-S$ bzw. Laserebene horizontal.

2.2.2. Untersuchung des Lasernivelliers mit Strahlrohrlibelle

Die nachfolgende Beschreibung der Untersuchungs- und Berichtigungsvorgänge erfolgt in der Reihenfolge ihrer Ausführung. Für Lasernivelliere ohne optisches Fernrohr sind nur die Untersuchungen *1* bis *3* auszuführen; ist ein Fernrohr vorhanden, müssen auch die Untersuchungen *4* und *5* ausgeführt werden.

1. Aufstellibelle ($L'-L' \parallel V-V$ bzw. $L-L \perp V-V$)

Die Untersuchungen erfolgen beim Vorhandensein einer Dosenlibelle analog dem optischen Nivellierinstrument. Ist eine Röhrenlibelle am Unterteil vorhanden, wird die Methodik der Theodolitüberprüfung angewandt.

2. Libellenkreuzungsfehler ($L-L$ und $S-S$ sollen sich in parallelen Lotebenen befinden.)

Zur Untersuchung dieser Forderung wird im Abstand von 50 ... 70 m vom Lasernivellier entfernt eine Nivellierlatte aufgestellt. Das Unterteil des Instruments ist dabei so ausgerichtet, daß die Verbindungslinie zweier Fußschrauben rechtwinklig zur Lattenzielung liegt. Durch Horizontierung mit Hilfe der Dosen- oder Röhrenlibelle wird die Stehachse $V-V$ des Nivelliers in die Vertikallage gebracht. Nach der Orientierung des Laserstrahls wird mit der Kippschraube die Röhrenlibelle am Strahlrohr sorgfältig eingespielt und am Laserpunkt auf der Lattenteilung die Ablesung a_0 getätigt. Mit Hilfe der beiden senkrecht zur Zielung stehenden Fußschrauben neigt man das Lasernivellier um einen kleinen Betrag nach einer Seite, spielt mit der Kippschraube die Röhrenlibelle wieder ein und liest an der Latte den Wert a_1 ab. Danach bringt man das Instrument wieder in die Ausgangslage und überprüft die Ablesung a_0. Nun wird das Instrument mit Hilfe der beiden genannten Fußschrauben nach der entgegengesetzten Seite geneigt, die Röhrenlibelle eingespielt und die Ablesung a_2 erhalten. Wenn sich die Werte a_1 und a_2 bei 1 bis 2 Fußschraubenumdrehungen um mehr als 3 ... 4 mm unterscheiden, muß die Lage der Röhrenlibelle berichtigt werden. Mit den horizontal wirkenden Justierschrauben der Libelle wird diese seitlich in die notwendige Richtung verschoben und danach der Überprüfungsvorgang wiederholt.

3. Hauptforderung ($L-L \parallel S-S$)

Die Untersuchung wird nach dem Verfahren des Doppelnivellements zwischen zwei Zielpunkten A und B ausgeführt (Bild 2.9). In einer Entfernung von 70 ... 100 m vom aufgestellten Lasernivellier wird ein Lattenstandpunkt A festgelegt und an der aufgehaltenen Nivellierlatte bei einspielender Libelle der Wert a_1 im Zentrum des eingerichteten Laserpunkts abgelesen. An einem zweiten Lattenstandpunkt B, der nur 2 ... 3 m vom Gerät entfernt ist, wird die Ablesung b_1 vorgenommen. Nun wird das Lasernivellier 2 ... 3 m von A entfernt aufgestellt und die beiden Latten-

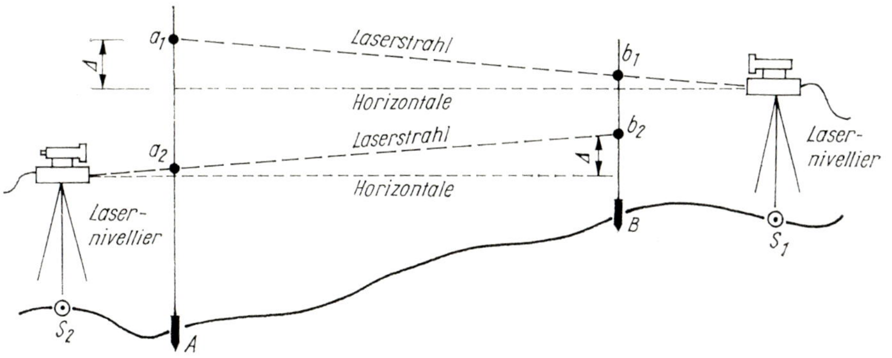

Bild 2.9. Untersuchung der Parallelität von Laserstrahl- und Libellenachse

ablesungen a_2 und b_2 getätigt. Sind Libellen- und Laserstrahlachse nicht parallel, so kann man die Auswirkung des Instrumentenfehlers Δ aus den ermittelten Ist-Höhenunterschieden

$$\Delta h_1 = a_1 - b_1 \quad \text{und} \quad \Delta h_2 = a_2 - b_2$$

mit $$2\Delta = \Delta h_1 - \Delta h_2 \tag{2.9}$$

berechnen.
Ist der Fehler $|\Delta| < 4$ mm, kann man die untersuchte Bedingung als erfüllt betrachten, andernfalls muß justiert werden. Man berechnet die fehlerfreie Ablesung b_2' nach der weiter entfernten Nivellierlatte in B

$$b_2' = b_2 - \Delta \tag{2.10}$$

und richtet den Laserpunkt auf diese Ablesung mit der Kippschraube aus. Mittels der Justierschrauben der Röhrenlibelle wird die nun ausschlagende Libellenblase in die Nullage verändert. Zur Kontrolle wird die Untersuchung wiederholt.

4. Horizontalstrich der Strichplatte rechtwinklig zu V—V

Die Untersuchung ist wie bei optischen Nivellierinstrumenten auszuführen, da sie sich auf das Fernrohr bezieht.

5. Parallelität von Ziel- und Laserstrahlachse (Z—Z || S—S)

Die Untersuchung dieser Forderung wurde bereits beim Lasertheodolit beschrieben und ist aus Abschn. 2.1.2., Vorgang *7* ersichtlich.

2.2.3. Untersuchung des Lasernivelliers mit Fernrohrlibelle

Ist die Untersuchung und Berichtigung eines Lasernivelliers mit Fernrohrlibelle auszuführen, so wendet man die in Abschn. 2.2.2. beschriebene Methodik in nachstehender Reihenfolge an:

1. Aufstellibelle ($L'—L' \parallel V—V$ bzw. $L—L \perp V—V$) analog optischen Instrumenten
2. Horizontalstrich der Strichplatte rechtwinklig zu $V—V$, wie in Untersuchung *4* beschrieben
3. Parallelität von Ziel- und Laserstrahlachse ($Z—Z \parallel S—S$) entsprechend Untersuchung *5* bzw. Abschn. 2.1.2., Untersuchung *7*
4. Libellenkreuzungsfehler ($L—L$ und $S—S$ sollen sich in parallelen Lotebenen befinden.), wie in Untersuchung *2*
5. *Hauptforderung* ($L—L \parallel S—S$) analog Untersuchung *3*.

2.2.4. Untersuchung des Lasernivelliers mit Kompensator

Wird die Horizontallage der Ziellinie nicht durch Einspielen der Röhrenlibelle mit der Kippschraube, sondern durch einen Kompensator erzeugt, der zur Horizontierung das Schwerkraftprinzip (Pendel) nutzt, sind an einem derartigen Lasernivellier folgende Untersuchungen auszuführen:

1. Aufstellibelle ($L'-L' \parallel V-V$ bzw. $L-L \perp V-V$)

Die Untersuchung erfolgt analog der von optischen Instrumenten.

2. Horizontalität der Laserstrahlachse $S-S$

Diese Bedingung muß nicht nur bei strenger Lotrechtstellung der Stehachse $V-V$, sondern auch bei gewissen Abweichungen der Libellenblase vom Nullpunkt (Arbeitsbereich des Kompensators) gewährleistet sein. Die Untersuchung erfolgt so, wie sie für die Hauptforderung $L-L \parallel S-S$ des Libellennivelliers in Abschn. 2.2.2., Vorgang *3*, beschrieben ist. Die Berichtigung des Höhenfehlers Δ, der in diesem Falle aus der fehlerhaften Horizontierung des Laserstrahls durch den Kompensator resultiert, erfolgt durch Neigung des Laserkollimators so, daß die berechnete Soll-Ablesung an der Latte im Zentrum des Laserpunkts erscheint.

2.2.5. Untersuchung von Rotationslasern

Lasergeräte mit einem Strahl $S-S$, der um eine Vertikalachse $V-V$ rotiert und dabei eine Horizontalebene erzeugt, kann man bei der Überprüfung den Lasernivellieren zuordnen und muß folgende Untersuchungen ausführen:

1. Aufstellibelle ($L'-L' \parallel V-V$ bzw. $L-L \perp V-V$)

Die Überprüfung wird wie bei optischen Instrumenten ausgeführt.

2. Laserstrahlachse $S-S$ rotiert in einer Horizontalebene

Die Untersuchungsmethodik gleicht der bei der Überprüfung der Horizontalität der Laserstrahlachse $S-S$ beim Kompensatornivellier in Abschn. 2.2.4., Vorgang *2*, und geht also letztlich auf die beschriebene Untersuchung der Hauptforderung des Lasernivelliers in Abschn. 2.2.2., Vorgang *3*, zurück. Es ist zweckmäßig, dabei in zwei Etappen zu arbeiten:

a) Untersuchung bei ruhendem Laserstrahl
b) Untersuchung bei rotierendem Laserstrahl, wobei die Ablesungen in der Mitte des entstandenen Lichtstriches gemacht werden.

2.3. Prüfung von Laserlotgeräten

2.3.1. Konstruktionsprinzipien und Forderungen

Da die Konstruktionsprinzipien von Laserlotgeräten denen der optischen Geräte gleichen, wird die Untersuchung der geometrischen Forderungen an die Geräteachsen analog ausgeführt. Die Besonderheit besteht nur darin, daß an Stelle des optischen Fernrohrs mit der Zielachse $Z-Z$ das Laserrohr mit der Laserstrahlachse $S-S$ tritt und deshalb die Ablesungen an der Zieltafel nicht mittels Strichkreuz erfolgen, sondern über die Lage des Lichtpunkts auf der Zieltafel realisiert werden.

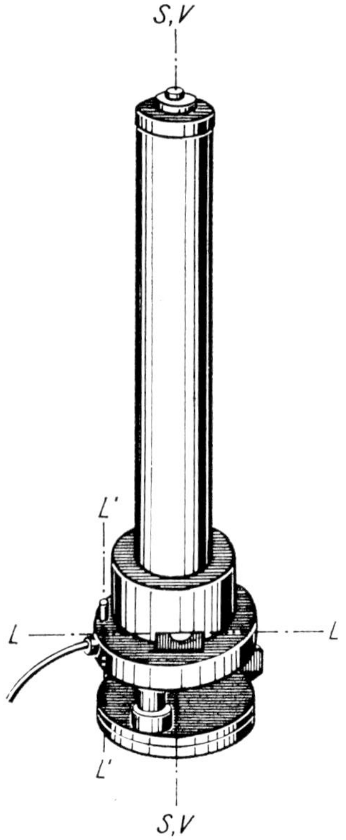

Bild 2.10. Achsschema des Laserlotgerätes

Nach den konstruktiven Besonderheiten unterscheidet man Lotgeräte mit Libelle bzw. Kompensator sowie Zenit- und Nadirlote mit Aussendung des Lotstrahls nach oben bzw. unten.
Die wesentlichen Konstruktionsachsen sind aus Bild 2.10 ersichtlich:

$L'-L'$ Achse der Dosenlibelle
$L-L$ Achse der Röhrenlibelle
$V-V$ Stehachse (vertikale Drehachse)
$S-S$ Achse des Laserlotstrahls.

Beim Laserlotgerät müssen folgende geometrische Bedingungen erfüllt sein:
a) $L'-L' \parallel V-V$ bzw. $L-L \perp V-V$ (Stehachsenfehler)
b) $S-S \,|||\, V-V$
c) Vertikalität der Laserstrahlachse $S-S$ bei Kompensatorgeräten
d) Achse der Zentriereinrichtung $|||\, V-V$.

2.3.2. Untersuchung von Laser-Zenitloten mit Libelle

Bei Zenitloten mit Libelle sind die Untersuchungsvorgänge in nachstehender Reihenfolge auszuführen:

1. Ausschaltung des Stehachsenfehlers ($L-L \perp V-V$)

Die Untersuchung wird wie bei optischen Instrumenten ausgeführt.

2. Identität von Laserstrahlachse S—S und Stehachse V—V

Zur Untersuchung, ob die Laserstrahlachse S—S und die Stehachse V—V zusammenfallen, wird in einer Höhe von 2 ... 4 m über dem Gerät eine Zieltafel Z_1 horizontal befestigt (Bild 2.11). Die Zieltafel sollte aus mattiertem Plexiglas hergestellt und auf ihr ein Koordinatengitter aufgetragen sein.

Das Zentrum des Laserpunkts A_{I} wird auf der Zieltafel koordinatenmäßig bestimmt. Danach dreht man das Gerät 180° um seine Stehachse und liest die zweite Lage des Laserpunkts A_{II} auf der Zieltafel ab. Unterscheiden sich die beiden Ablesungen in einer Koordinatenrichtung um mehr als 2 mm, so ist es notwendig, die Lage des Strahlrohrs oder des Laserkollimators zu berichtigen. Hierzu justiert man mit den vorhandenen Berichtigungsschrauben das Strahlrohr oder den Kollimator so, daß das Zentrum des Lichtpunkts auf das Mittel A_0 der beiden Ablesungen A_{I} und A_{II} der Kontrollmessung zeigt.

Nunmehr wird die Zieltafel Z_2 in einer Höhe von 70 ... 100 m über dem Gerät befestigt und am Koordinatennetz die Lage des Lichtpunktzentrums in zwei Instrumentenlagen (B_{I} und B_{II}), wie oben beschrieben, bestimmt. Zeigen sich hier Abweichungen größer als 2 mm, ist die Parallelität von Laserstrahlachse S—S und Stehachse V—V nicht gewährleistet. Zur Berichtigung ist es notwendig, durch Veränderung des Strahlrohrs oder des Kollimators mittels Justierschrauben den Laserlichtpunkt auf das berechnete Mittel beider Kontrollablesungen B_0 an der Zieltafel einzustellen. Zur Kontrolle wird die Überprüfung wiederholt.

Die Anordnung der Zieltafel in einer Höhe von 70 ... 100 m über dem Gerät kann unter örtlichen Bedingungen auf Schwierigkeiten stoßen, deshalb läßt sich zweckmäßig die in Bild 2.12 gezeigte Geräteanordnung verwenden: Über dem Strahlrohr stellt man den Reflektor (Spiegel oder Prisma) so auf, daß der reflektierte Laserstrahl auf die Zieltafel Z_2 fällt,

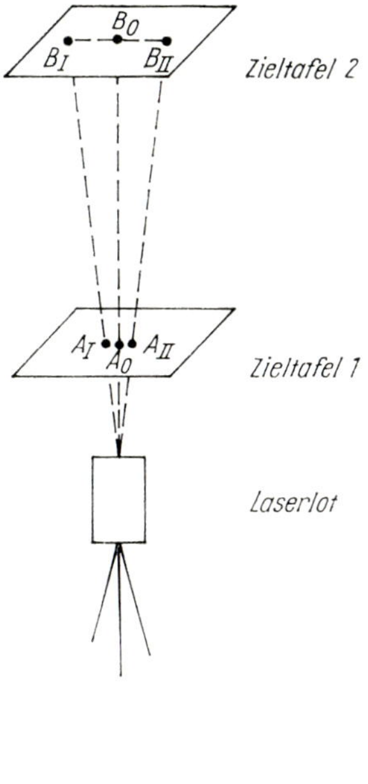

Bild 2.11. Messungsanordnung zur Untersuchung der Identität von Laserstrahl- und Stehachse

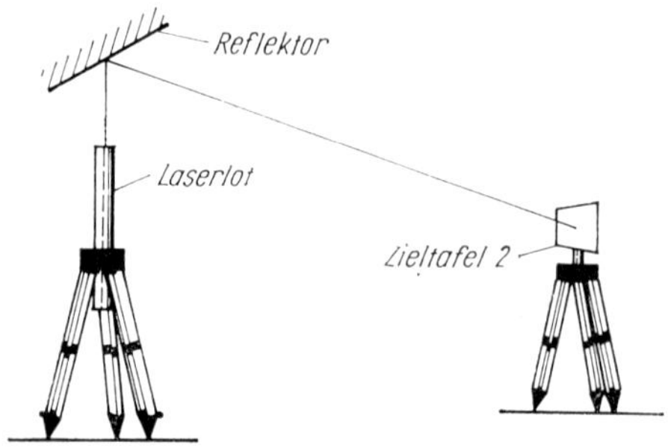

Bild 2.12. Anwendung der Reflexion bei der Überprüfung von Lotgeräten

die in der obengenannten Entfernung vom Lotgerät aufgestellt wurde. Die weitere Untersuchung erfolgt so, wie sie für die vertikal über dem Gerät angebrachte Zieltafel beschrieben wurde.

3. Zentriereinrichtung identisch mit Stehachse V—V

Die Untersuchung erfolgt so, wie sie beim Lasertheodolit in Abschn. 2.1.2., Vorgang *2*, beschrieben worden ist.

2.3.3. Untersuchung von Laserloten mit Kompensator

Bei Laserloten mit Kompensator sind folgende geometrische Bedingungen zu untersuchen:

1. Aufstellibelle ($L'-L' \parallel V-V$ bzw. $L-L \perp V-V$)

Die Untersuchung wird analog wie bei optischen Geräten ausgeführt. Besitzt das Instrument ein Laserrohr mit kardanischer Aufhängung, so ist keine Aufstellibelle vorhanden und die Untersuchung entfällt.

2. Identität von Laserstrahlachse S—S und Stehachse V—V

Die Untersuchung enthält den ersten Teil der Kontrolle und Berichtigung der gleichen Forderung des Zenitlotes mit Libelle, der, wie in Abschn. 2.3.2., Vorgang *2*, beschrieben, nach der unteren Zieltafel Z_1 ausgeführt wird. Bei Geräten mit kardanischer Aufhängung des Strahlrohrs wird bei der Justierung der Laserkollimator verschoben. Wird die Vertikalität des ausgesandten Lotstrahls durch die Gerätekonstruktion (z. B. Flüssigkeitshorizont) abgesichert, braucht die vorgenannte Untersuchung nicht ausgeführt zu werden.

3. Vertikalität der Laserstrahlachse S—S

Bei Laserloten mit Kompensatorwirkung in beiden Hauptrichtungen wird die Untersuchung wie bei der Identität von Laserstrahlachse $S-S$ und Stehachse $V-V$ des Libellenlots nach der entfernten Zieltafel Z_2 durchgeführt (s. Abschn. 2.3.2., Vorgang *2*). Laserlotgeräte, deren Kompensator nur in einer Hauptrichtung die Vertikalität stabilisiert, untersucht man auch nur in der Arbeitsrichtung des Kompensators nach dem vorgenannten Verfahren in zwei 180° entgegengesetzten Lotständen. Es empfiehlt sich jedoch, das Gerät danach um 90° zur Hauptrichtung zu drehen und die Untersuchung in den restlichen Lotständen zu wiederholen.

2.4. Untersuchung von Lasergeräten mit Zusatzeinrichtungen

2.4.1. Lasertheodolit mit Zylinderlinse

Wenn vor dem Objektiv des Lasertheodolits eine Zylinderlinse angeordnet wird, die den Strahl in eine vertikale Ebene auffächert, erweitern sich die Nutzungsmöglichkeiten des Geräts in bezug auf die Realisierung und Kontrolle der Vertikalität von Baukonstruktionen. Die Umwandlung der Laserfluchtlinie in eine Laserfluchtebene schafft auch Voraussetzungen für die Anwendung des Winkelschnittverfahrens bei der Punktübertragung im Absteckungsprozeß.
Die Kontrollen der Vorsatzlibellen beim Lasertheodolit und -nivellier brauchen nicht bei jedem erneuten Anbringen der Zylinderlinse vor dem Objektiv ausgeführt zu werden. Wenn sich an der Libellenlage nichts verändert hat, ist beim neuen Anbringen der Vorsatzlinse die Horizontalitäts- bzw. Vertikalitätsbedingung der aufgefächerten Laserebene erfüllt, sofern die Libelle zum Einspielen gebracht worden ist.
Wegen Verwendung der Zylinderlinse können beim Lasertheodolit die Untersuchungen in bezug auf

- Rechtwinkligkeit zwischen Strichkreuz und Kippachse $K-K$
- Parallelität von Laserstrahlachse $S-S$ und Zielachse $Z-Z$
- Parallelität von Libellenachse $L''-L''$ und Laserstrahlachse $S-S$
- Ausschaltung des Höhenindexfehlers am Vertikalkreis

entfallen. Zusätzlich zu den in Abschn. 2.1.2. beschriebenen Untersuchungen ist noch folgende Bedingung zu erfüllen:

Rechtwinkligkeit zwischen aufgefächerter Laserebene und Kippachse $K-K$

Der Lasertheodolit wird auf eine 20 ... 50 m entfernt stehende Zieltafel ausgerichtet, auf der die aufgefächerte Laserebene eine vertikale Gerade bildet. Kippt man das Laserrohr nun so, daß einmal die obere und einmal die untere Grenzlage des Strahlensektors auf die Zieltafel fallen, muß die Abbildung jeweils im Zentrum verbleiben, andernfalls wird der Zylinderlinsenvorsatz gedreht und der Vorgang zur Kontrolle wiederholt.
Besitzt der Strahlensektor nur einen kleinen Divergenzwinkel, kann man den Vorgang zweckmäßigerweise mit der gesamten Lasergerade in bezug auf ein aufgehängtes Schnurlot ausführen, wenn das Gerät sorgfältig horizontiert wurde.
Ist die Vertikalebene bei der Auffächerung realisiert, wird die Libelle des Zylinderlinsenvorsatzes mit ihren Justierschrauben in die Nullstellung (Einspielen der Libellenblase) gebracht.

2.4.2. Lasernivellier mit Zylinderlinse

Der Zylinderlinsenvorsatz vor dem Nivellierinstrument fächert den Laserstrahl in eine horizontale Laserebene auf und erweitert die Möglichkeiten der Gerätenutzung für Planierungsarbeiten und Steuerung von Baumaschinen. Bei Durchführung eines Lasernivellements vereinfacht der horizontal aufgefächerte Strahl das Anzielen der Nivellierlatte und erleichtert die Ablesung. Für die ordnungsgemäße Gerätefunktion ist folgende Bedingung zu gewährleisten:

Auffächerung des horizontalen Laserstrahls in eine Horizontalebene

Mit dem Lasernivellier wird die linke Grenzlage seines Strahlensektors auf eine Nivellierlatte gerichtet, die 20 ... 50 m vom Instrument entfernt aufgestellt wurde, und dort die entsprechende Lattenablesung vorgenommen. Danach dreht man das Instrument so, daß die rechte Grenzlage des Strahlensektors auf der Latte erscheint, und liest zum zweiten Male ab. Besitzt das Lasernivellier keinen Kompensator, ist vor jeder Ablesung die Röhrenlibelle mit der Kippschraube einzuspielen. Die beiden Ablesungen dürfen sich in ihrer Größe nicht mehr als 3 ... 4 mm unterscheiden, andernfalls ist es notwendig, den Zylinderlinsenvorsatz so zu verdrehen, daß in der rechten Grenzlage die zweite Zielung auf das Mittel zwischen beiden Ablesungen verändert wird. Die Kontrolle sollte wiederholt werden. Nach der Überprüfung der Horizontalität der Laserebene muß die Libellenblase einspielen, andernfalls ist die Libelle durch Justierung zu berichtigen.

3. Übertragung von Bezugslinien in die Örtlichkeit mittels Lasergeräten

3.1. Prinzipielle Übertragungsverfahren

Mit Lasergeräten ist es möglich, gerichtete Strahlenbündel zu erzeugen und ihnen die notwendige räumliche Orientierung zu geben. Die Zweckmäßigkeit der Verwendung des Laserstrahls für die Übertragung von Bezugslinien in die Örtlichkeit ergibt sich aus dem geringen Divergenzwinkel, der großen Reichweite und der Unkompliziertheit seiner Ortung (s. Abschn. 3.5.) im notwendigen Punkt. Die Bezugsgeraden, die durch den Laserstrahl vorgegeben werden, nutzt man bei der Bauausführung zu folgendem:

— Vorgabe der Bauwerkslage
— Angabe von Absteckungsachsen [56]
— Richtungssteuerung von Baumaschinen
— Realisierung von Geraden mit vorgegebener Neigung.

Durch Streckenmessung entlang der Achse des Laserstrahls oder rechtwinklig zu ihr lassen sich Absteckpunkte mit dem Linear-, Orthogonal- oder Polarverfahren in die Örtlichkeit übertragen. Bei ungünstigen örtlichen Verhältnissen, die eine direkte Streckenmessung nicht zulassen, erweist sich das Winkelschnittverfahren, bei dem der abzusteckende Punkt durch den Schnitt zweier orientierter Laserstrahlen erhalten wird, als zweckmäßig. Mit der Längenbestimmung in Höhenrichtung (Nivellierlattenteilung) lassen sich durch einen Laserstrahl mit vorgegebenem Neigungswinkel sowohl Nivellements ausführen als auch projektierte Längsprofile (Gradienten) in Richtung der Laserstrahlachse abstecken.
Es existieren unterschiedliche Möglichkeiten, der Achse des Laserstrahls als Bezugslinie für die Lösung der genannten Aufgaben die notwendige räumliche Orientierung zu geben, die von den Konstruktionsprinzipien der verwandten Lasergeräte abhängen. Diese Möglichkeiten lassen sich auf zwei Grundaufgaben zurückführen:

1. Aufstellung des Lasergeräts auf *einem* Punkt der Bezugsachse und Orientierung des Laserstrahls nach vorberechneten Neigungs- und Richtungswinkeln
2. Einrichtung des Laserstrahls in die Flucht zwischen *zwei* räumlich abgesteckten Punkten, die die Bezugsachse verkörpern.

3.2. Orientierung einer Bezugsachse durch Absetzen des vorgegebenen Richtungswinkels mit dem Lasertheodolit

Die Methode der Vorgabe von Bezugsachsen mittels Richtungswinkels wendet man an, wenn die Achse durch einen gegebenen Punkt des geodätischen Grundlagenetzes hindurchgeht und ein Orientierungspunkt vorhanden ist.
Vor der Absteckung mit dem Lasertheodolit berechnet man den abzusteckenden Winkel β aus

$$\beta = \nu_i - \nu_0$$

wobei ν_i der projektierte Richtungswinkel und ν_0 die Anschlußrichtung zum Nachbarpunkt im Koordinatensystem des geodätischen Grundlagenetzes sind. Man stellt den Lasertheodolit über dem entsprechenden Netzpunkt auf, zentriert und horizontiert das Instrument, fokussiert den Laserstrahl auf die entsprechende Entfernung und zielt den Nachbarpunkt des Grundlagenetzes an. Bei großen Entfernungen richtet man das Strichkreuz des optischen Fernrohrs auf die Zielmarkierung ein. Bei Entfernungen, die tags 100 ... 150 m und nachts bis zu 500 m betragen können, orientiert man den Laserstrahl direkt auf eine über dem Anschlußpunkt zentrierte Zieltafel. Dabei beobachtet man die Lage des Laserpunktes gegenüber dem markierten Zentrum der Zieltafel entweder mit dem Fernrohr oder läßt sich von einer an der Zieltafel stehenden Hilfskraft einweisen.
Nach erfolgtem Anzielen des Anschlußpunkts liest man r_1 am Horizontalkreis ab, addiert dazu den berechneten Absteckwinkel β und erhält die Horizontalkreisablesung r_2 für die abzusteckende Bezugsgerade. Das Oberteil des Lasertheodolits wird nun so orientiert, daß an der Ableseeinrichtung die berechnete Horizontalkreisablesung r_2 eingestellt ist und somit der ausgesandte Laserstrahl die projektierte Richtung angibt. Wenn es unter Geländebedingungen möglich ist, sollte auf dieser Richtung eine Zieltafel in den Laserstrahl eingefluchtet werden. Wird im Verlauf der weiteren Messungen die Zentrallage des Laserpunkts auf der Zieltafel kontrolliert, so kann man stets über die Stabilität der Instrumentenaufstellung und des ausgesandten Laserstrahls entscheiden und gegebenenfalls notwendige Korrekturen herbeiführen.
Zur Erhöhung der Übertragungsgenauigkeit läßt sich die Messung in zwei Strahlrohrlagen ausführen, auf der Zieltafel das Zentrum des Laserpunkts zweimal bestimmen und der Strahl auf das Mittel beider Ablesungen orientieren. Meist beschränkt man sich in der Praxis jedoch auf die Übertragung des Winkels in einer Strahlrohrlage.
Die Genauigkeit der Orientierung des Laserstrahls durch Übertragung des projektierten Winkels wird von folgenden Fehlern beeinflußt:

- Zentrierung des Lasertheodolits $\sigma_{e,S}$
- Zielpunktexzentrizität des Anschlußpunkts $\sigma_{e,Z}$
- Anzielung des Anschlußpunkts $\sigma_{z,A}$

— Horizontalkreisablesung $\sigma_{r,A}$
— Einstellung der berechneten Ablesung $\sigma_{r,P}$
— Instrumentengenauigkeit σ_I
— Einweisung des Absteckpunkts $\sigma_{z,P}$.

Bei Voraussetzung der Unabhängigkeit für alle Genauigkeitseinflüsse können wir die Auswirkung auf die Querrichtung σ_q im abzusteckenden Punkt P (1 Halbsatz) nach folgender Formel berechnen:

$$\sigma_q = \sqrt{\sigma_{e,S}^2 + \sigma_{e,Z}^2 + \sigma_{z,A}^2 + \sigma_{r,A}^2 + \sigma_{r,P}^2 + \sigma_I^2 + \sigma_{z,P}^2} \tag{3.1}$$

Die gemeinsame Auswirkung σ_e von Standpunkt- und Zielpunktexzentrizität $\sigma_{e,S}$ und $\sigma_{e,Z}$ auf die Genauigkeit der Orientierung des Laserstrahls läßt sich wie nachfolgend ausdrücken:

$$\sigma_e = e\sqrt{1 + \left(\frac{l_A}{l_P}\right)^2 - \left(\frac{l_A}{l_P}\cdot\cos\beta\right)^2} \tag{3.2}$$

wobei l_A die Entfernung von Stand- zum Anschlußpunkt, l_P die Entfernung zum Absteckpunkt und e die Exzentrizität ist.
Zur Vereinfachung setzen wir $l_A = l_P$, nehmen $\beta = 90°$ an und erhalten die Auswirkung

$$\sigma_e = e\cdot\sqrt{2} \tag{3.3}$$

oder in Winkelmaß

$$\sigma_e'' = \frac{e\cdot\varrho''}{l_P}\cdot\sqrt{2} \tag{3.4}$$

Mit $l_P = 500$ m und einer Zentriergenauigkeit $\sigma_{e,S} = e = 2$ mm erhalten wir nach (3.4)

$$\sigma_e = 1{,}2'' \mathrel{\hat{=}} 0{,}36 \text{ mgon}.$$

Auf die Genauigkeit der Anzielung des Anschlußpunkts $\sigma_{z,A}$ hat die Bestimmung der Lage des Laserpunkts auf der Zieltafel den größten Einfluß. Aus Forschungsergebnissen des Leningrader Eisenbahningenieurinstituts (LIIShT) läßt sich die Genauigkeit der Lagebestimmung des Laserpunkts mit

$$\sigma_{z,A_{[\mathrm{mm}]}} = 0{,}005\cdot l_P\cdot 10^{-3} + 1 \tag{3.5}$$

angeben, und wir erhalten mit $l_P = 500$ m

$$\sigma_{z,A} = 3{,}5 \text{ mm} \quad \text{bzw.} \quad \sigma_{z,A} = 1{,}4'' \mathrel{\hat{=}} 0{,}42 \text{ mgon}.$$

Die Genauigkeit der Horizontalkreisablesung σ_r hängt von der Konstruktion der Ableseeinrichtung des Lasertheodolits ab. Bei Verwendung eines optischen Mikrometers werden für die Theodolite T 2 und TB 1 Abweichungen von $\pm 3''$ zwischen zwei Ablesungen zugelassen, was bei einer Ablesung der Grenzabweichung von $\delta_{\text{zul}} = \pm 2''$ oder mit einer statistischen Sicherheit von $P_\alpha = 95\%$ einer Standardabweichung von $\sigma_r = 1''$ entspricht.

Von den Einflüssen der Instrumentengenauigkeit haben auf die Bestimmung von σ_I folgende Justierungsfehler wesentlichen Einfluß, wenn das Absetzen der vorberechneten Richtung in einer Strahlrohrlage erfolgt:

— Einfluß der Exzentrizität zwischen Laserstrahl- und Stehachse σ_E
— Genauigkeit der Kreisteilung σ_T
— Stehachsenfehler σ_S.

Bei annähernd gleichen Entfernungen l_i zum Anschluß- und Absteckpunkt wirkt sich die Exzentrizität e der obengenannten Achsen des Lasertheodolits gering aus, während bei großer Entfernung l_A des Anschlußpunkts A und geringer Zielpunktentfernung l_P die Richtungsgenauigkeit σ_E aus der Exzentrizitätsgröße e wie folgt berechnet werden kann

$$\sigma_E'' = \frac{e}{l_P} \cdot \varrho'' \tag{3.6}$$

und wir mit $e = 2$ mm sowie $l_P = 500$ m

$$\sigma_E = 0{,}8'' \triangleq 0{,}25 \text{ mgon}$$

erhalten.
Für die Ungenauigkeit der Kreisteilung bei den Theodoliten T 2 und TB 1 läßt sich aus Untersuchungsergebnissen $\sigma_{T(\mathrm{II})} = 1{,}7''$ bei Messung in zwei Fernrohrlagen ableiten. Demzufolge ist die Auswirkung der Kreisteilungsfehler bei Messung in einer Fernrohrlage durch

$$\sigma_T = 2{,}4''$$

gekennzeichnet.
Die Auswirkungen aus dem Einfluß des Stehachsenfehlers σ_S entstammen der ungenauen Horizontierung des Theodolits und dem Vorhandensein von Schlupf im Achsensystem des Theodolits. Forschungsergebnisse zeigten, daß ein Schlupf von 1 μm bei der Stehachse nur eine Achsneigung von 3″ hervorruft, die vernachlässigbar ist. Bei der Horizontierung und nachfolgenden Winkelmessung soll die Blase der Röhrenlibelle nicht mehr als zwei Teilstriche von ihrer Nullpunktlage abweichen, was bei einer Teilungseinheit von 15″ dem Winkelwert von $u = 30''$ entspricht. Die Auswirkung dieses Einflusses auf den abzusetzenden Horizontalwinkel, der aus zwei Richtungen besteht, ist unter Annahme einer Fernrohrneigung von $\alpha = 5°$ gegenüber der Horizontalen

$$\delta_S = u \cdot \sqrt{2} \cdot \tan \alpha = \pm 3{,}7'',$$

woraus wir den Einfluß des Stehachsenfehlers berechnen ($P_\alpha = 95\%$)

$$\sigma_S = 1{,}8'' \triangleq 0{,}55 \text{ mgon}.$$

Fassen wir die Einflüsse aus Exzentrizität, Kreisteilung und Stehachse nach dem Fehlerfortpflanzungsgesetz zusammen, so erhalten wir die Instrumentengenauigkeit

$$\sigma_I = \sqrt{\sigma_E^2 + \sigma_T^2 + \sigma_S^2} = 3{,}1'' \triangleq 0{,}95 \text{ mgon}.$$

Die Genauigkeit $\sigma_{z,P}$ des Einfluchtens einer Zielmarke in den orientierten Laserstrahl ist ebenso wie bei der Orientierung auf dem Anschlußpunkt von der Erfassung des Laserpunktzentrums abhängig, und wir können in Übereinstimmung mit Gl. (3.5) bei $l_P = 500$ m setzen

$$\sigma_{z,P} = 1{,}4'' \mathrel{\hat{=}} 0{,}42\ \text{mgon}.$$

Werden nun in die Ausgangsgleichung (3.1) alle größenmäßig bestimmten Genauigkeitseinflüsse eingesetzt, so erhält man die Gesamtgenauigkeit der Orientierung des Laserstrahls am Absteckpunkt in Querrichtung

$$\sigma_q = 4{,}1'' \mathrel{\hat{=}} 1{,}3\ \text{mgon}.$$

Nach den Gesetzmäßigkeiten der mathematischen Statistik ist bei der Übertragung eines Winkels mit dem Lasertheodolit in einer Strahlrohrlage ein Grenzfehler $\delta_q = \pm 8 \ldots 12''$ zu erwarten, der sich bei einer Absteckpunktentfernung $l_P = 500$ m als Querabweichung $\delta_q = \pm 20 \ldots 30$ mm auswirkt. Dieser Parameter bestimmt die Leistungsgrenze des beschriebenen ersten Verfahrens der Punktübertragung und damit des Lasertheodolits.

3.3. Einrichtung des Laserstrahls in die Flucht zweier festgelegter Punkte [16], [31]

Die Übertragung von Bezugslinien auf der Verbindungsgeraden zweier festgelegter Punkte kann sowohl mit dem Lasertheodolit, dem Lasernivellier als auch mit dem Laserfluchtungsgerät ausgeführt werden; häufig gibt man jedoch dem ersteren den Vorzug. Der Lasertheodolit wird über dem Anfangspunkt der Flucht aufgestellt und zentriert, der Endpunkt der Fluchtlinie wird durch eine aufgestellte Zieltafel gekennzeichnet. Nach dem Einschalten des Geräts richtet man den fokussierten Laserstrahl auf das Zentrum der Zieltafel aus und legt die Lage des Strahlrohrs fest. Wesentlichste einzuhaltende Forderung an das Achssystem des Lasertheodolits ist der Schnittpunkt von Laserstrahl- und Stehachse.

Wird diese Forderung instrumentell nicht eingehalten, so muß zumindest gewährleistet sein, daß die Vertikalebene, die durch die Laserstrahlachse geht, mit der Punktfestlegung unter dem Lasertheodolit zusammenfällt. Hierzu stellt man den Lasertheodolit in der Verlängerung der Flucht auf und richtet die Strahlachse auf die Zieltafel des Endpunkts aus. Befindet sich auf dem Anfangspunkt ebenfalls eine zentrierte Zieltafel, kann man beobachten, ob sich der Laserstrahl dort ebenfalls im Zentrum der Marke befindet, wobei es notwendig ist, das Strahlrohr zu kippen. Stimmt das Zentrum des Laserstrahls auf der Zieltafel des Anfangspunkts nicht mit der Markierung überein, verschiebt man den Lasertheodolit auf dem Stativteller rechtwinklig zur Flucht. Danach richtet man den Laserstrahl erneut auf die entfernte Zieltafel des Endpunkts und wiederholt den Vorgang so lange, bis die Übereinstimmung von Laserstrahl und Zieltafeln auf dem Anfangs- und Endpunkt erreicht ist. Diese Vorzugstechnologie erfordert Erfahrung und Arbeitsaufwand, findet aber in vielen Fällen Anwendung, weil das Lasergerät nicht im Anfangspunkt der Flucht aufgestellt werden sollte.

Ein wesentlich schwierigeres Problem stellt die Realisierung einer Raumgeraden zwischen Anfangs- und Endpunkt dar, die nicht nur im Grundriß, sondern auch in der Höhenlage die Flucht darstellt. Hierzu benutzt man auf dem naheliegenden Anfangspunkt eine Durchlichtzieltafel aus lichtdurchlässigem Material. Der durch die Zieltafel hindurchgehende Laserstrahl trifft auf die zweite Zieltafel des Endpunkts auf und kann somit auf beiden gleichzeitig beobachtet werden.

Die Genauigkeit der Realisierung einer Laserflucht zwischen zwei vorgegebenen Punkten wird hauptsächlich durch die Einflüsse beim Einrichten des Laserstrahls auf die Zielmarken bestimmt, die die Fluchtlinie festlegen. Sie wird durch die nachstehende Formel ausgedrückt:

$$\sigma_q = \sqrt{\sigma_{e,S}^2 + \sigma_{e,Z}^2 + \sigma_{z,A}^2 + \sigma_{z,P}^2} \tag{3.7}$$

mit den Einflußgrößen

Zentrierung des Laserinstruments $\sigma_{e,S}$
Zielpunktexzentrizität des Endpunkts $\sigma_{e,Z}$
Anzielung des Endpunkts $\sigma_{z,A}$
Einweisung des Absteckpunkts $\sigma_{z,P}$.

Die gemeinsame Auswirkung der Standpunkt- und Zielpunktexzentrizität auf die Genauigkeit der Fluchtung bestimmt man mit nachstehender Gleichung

$$\sigma_e = \frac{e}{\sqrt{2}} \sqrt{\left(\frac{l_A - l_P}{l_A}\right)^2 + \left(\frac{l_P}{l_A}\right)^2} \tag{3.8}$$

wobei l_A die Entfernung zwischen Anfangs- und Endpunkt, l_P die Entfernung zum Absteckpunkt und e die Exzentrizität ist.

Setzen wir $l_A = l_P$, so erhalten wir

$$\sigma_e = \frac{e}{\sqrt{2}} \tag{3.9}$$

bzw. im Winkelmaß

$$\sigma_e'' = \frac{e \cdot \varrho''}{l_A \cdot \sqrt{2}} \tag{3.10}$$

Mit $l_A = 500$ m und $\sigma_{e,Z} = e = \pm 2$ mm berechnet man nach Gl. (3.10)

$$\sigma_e = 0{,}6'' \mathrel{\hat{=}} 0{,}18 \text{ mgon}.$$

Aus Abschn. 3.2., Gl. (3.5), erhalten wir

$$\sigma_{z,A} = 3{,}5 \text{ mm} \quad \text{bzw.} \quad \sigma_{z,A} = 1{,}4'' \mathrel{\hat{=}} 0{,}42 \text{ mgon}.$$

Nehmen wir weiter an, daß die Einweisung des abzusteckenden Punkts P in die Laserflucht am Ende der Fluchtlinie erfolgt, so können wir hierfür nochmals den Einfluß aus (3.5) ansetzen:

$$\sigma_{z,P} = \sigma_{z,A} = 1{,}4''.$$

Werden alle Einflüsse in Gl. (3.7) eingesetzt, so erhalten wir die Gesamtgenauigkeit eines eingerichteten Punkts in Querrichtung zu

$$\sigma_q = 2{,}0'' \triangleq 0{,}6 \text{ mgon}.$$

Das Ergebnis zeigt, daß die zweite Übertragsmethode des Einrichtens eines Absteckpunkts in die Flucht zwischen zwei vorgegebenen Punkten genauer ist als die Richtungsübertragung mit dem Lasertheodolit in Abschn. 3.2. Es muß jedoch bemerkt werden, daß die Genauigkeit der Anschlußpunkte in den vorstehenden Formeln nicht enthalten ist.

3.4. Übertragung einer Bezugslinie mit vorgegebener Längsneigung

Die Realisierung eines Laserstrahls mit gegebener Neigung kann verschiedenartig erfolgen und ist abhängig von der Art des verwendeten Geräts sowie der geforderten Genauigkeit. Eine Reihe von Lasergeräten ist mit Neigungsmeßeinrichtungen versehen, die es gestatten, den projektierten Wert direkt am Gerät einzustellen.

3.4.1. Anwendung des Lasertheodolits bei der Neigungsübertragung

a) Übertragung mit Hilfe des Vertikalkreises

Die Neigung muß zunächst von dem im Bauwesen verwendeten Tangenswert in das zugehörige Winkelmaß des Neigungswinkels umgerechnet werden. Der Lasertheodolit wird im vermarkten Anfangspunkt der abzusteckenden Linie aufgestellt, am Vertikalkreis der berechnete Winkel eingestellt und die Höhenindexlibelle eingespielt. Somit bildet der Laserstrahl eine geneigte Bezugslinie im Raum, die parallel zur projektierten Achse verläuft.

Sollen nun auf der Neigungsgeraden liegende Zwischenpunkte im Gelände mit ihrer Soll-Höhe abgesteckt werden, so wendet man folgendes Verfahren an (Bild 3.1):

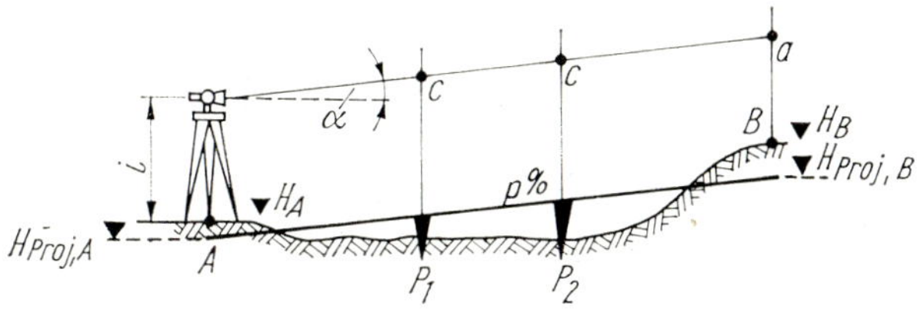

Bild 3.1. Absteckung einer Neigungsgeraden mittels Vertikalwinkel

Auf einer Nivellierlatte, die im Punkt B aufgestellt und durch den Lasertheodolit im Punkt A angezielt wurde, liest man an der Stelle des Laserpunktzentrums den Wert a ab. Den Abstand c zwischen der Bezugslinie des Laserstrahls und der dazu parallelen projektierten Neigungslinie berechnet man nach der Gleichung

$$c = a + (H_B - H_{Proj,B}) \tag{3.11}$$

wobei H_B die durch Nivellement ermittelte Höhe der Pfahloberkante in B ist und $H_{Proj,B}$ entweder aus dem Projekt unmittelbar entnommen oder aus der Längsneigung p und der Entfernung l zu einem Ausgangspunkt mit der Höhe H_0 nach der Formel

$$H_{Proj,B} = H_0 + p \cdot l \tag{3.12}$$

berechnet werden kann.
Nun vermarkt man in der Flucht zwischen A und B Stationierungspfähle in den notwendigen Punkten, wobei man sie mit Hilfe der aufgesetzten Nivellierlatte bezüglich ihrer Höhe so einweist, daß an der Latte in allen Fällen die Ablesung c im Zentrum des Laserpunkts erscheint und so die Pfahloberkanten eine Gerade mit der projektierten Neigung bilden.

b) Übertragung mit Hilfe der Instrumentenhöhe i

Die abzusteckende Neigungsgerade ist durch die höhenmäßig bekannten Anfangs- und Endpunkte A bzw. B vorgegeben und dort vermarkt. Man stellt über A den Lasertheodolit auf und mißt die Instrumentenhöhe i von Pfahloberkante bis zur Kippachse. Im Endpunkt B stellt man eine Nivellierlatte auf und richtet den Laserstrahl auf die nachfolgend berechnete Lattenablesung a ein (Bezeichnungen s. Bilder 3.1 und 3.11):

$$a = i - (H_B - H_A) + p \cdot l \tag{3.13}$$

Nun nimmt die Bezugsachse des Laserstrahls eine Parallelstellung zur projektierten Neigung ein, deren Abstand c sich aus der Gleichung berechnet:

$$c = i + (H_A - H_{Proj,A}) \tag{3.14}$$

Soll die Neigungsgerade in ihren Zwischenpunkt vermarkt werden, dann setzt man beim Einschlagen der Pfähle eine Nivellierlatte auf ihre Oberkante und verändert ihre Höhenlage so lange, bis sich an der Nivellierlatte das Zentrum des Laserpunktes genau auf der Ablesung c befindet.

c) Übertragung durch Höhenalignement

Sind die Anfangs- und Endpunkte der Linie $\overline{AB}$ bereits mit ihrer projektierten Soll-Höhe vermarkt, so stellt man den Lasertheodolit in A auf, mißt die Instrumentenhöhe i zwischen Pfahloberkante und Kippachse und zielt mit diesem Wert die in B aufgestellte Nivellierlatte an. Bezogen auf die so hergestellte Laserachse, lassen sich alle Zwischenpunkte durch vertikales Absetzen des Maßes i von der Bezugslinie nach unten höhenmäßig realisieren.

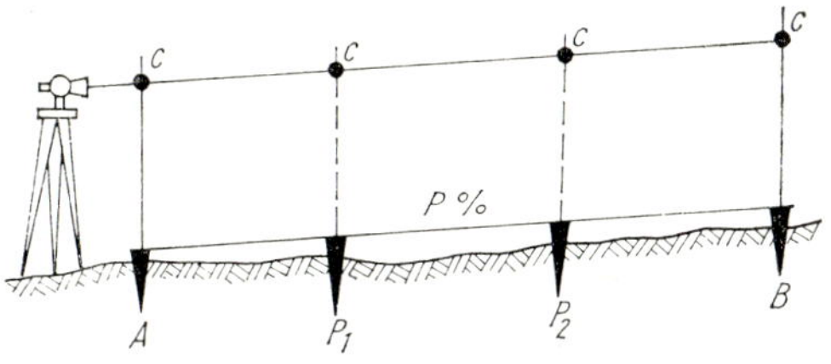

Bild 3.2.
Übertragung einer projektierten Neigung mittels Lasertheodolits bzw. -fluchtungsgeräts

Ist die Messung der Instrumentenhöhe in A nicht möglich, so stellt man den Lasertheodolit in der rückwärtigen Verlängerung der Linie $\overline{AB}$ auf (Bild 3.2), hält auf A und B zwei Nivellierlatten auf und kippt das Strahlrohr so lange, bis auf beiden Latten bei einer Strahlrohrstellung die gleiche Ablesung c erscheint. Dieser Wert c stellt das Bezugsmaß zwischen der Projektgeraden und der Lasergeraden, die einander parallel sind, dar und dient zur Höhenfestlegung bei der Vermarkung notwendiger Zwischenpunkte.

3.4.2. Anwendung des Laserfluchtungsgerätes bzw. Lasernivelliers bei der Neigungsübertragung

a) Übertragung durch Höhenalignement

Zunächst werden durch Absteckungsnivellement Anfangs- und Endpunkt der Geraden $\overline{AB}$ höhenmäßig so festgelegt, daß die Soll-Höhe der Gradiente gleich der Höhe Oberkante Pfahl ist. Das Lasergerät wird in Verlängerung der Linie $\overline{AB}$ aufgestellt und sein Strahlrohr so lange geneigt, bis die Laserpunkte auf den beiden Nivellierlatten in A und B die gleiche Ablesung c zeigen und somit die Laserbezugslinie parallel zur projektierten Neigung ist. Zu vermarkende Zwischenpunkte schlägt man höhenmäßig so ein, daß die auf der Pfahloberkante aufgehaltene Nivellierlatte ebenfalls die Ablesung c wie auf dem Anfangs- und Endpunkt A bzw. B am auftreffenden Laserpunkt anzeigt.

b) Benutzung der Libellenteilung

Bei kleinen Längsneigungen (Rohrleitungsbau) kann man die Libellenteilung des Lasernivelliers benutzen. Hierzu ist es notwendig, die Ziel- bzw. Laserstrahlachse streng parallel zur Libellenachse zu justieren und die Teilungseinheit τ für einen Libellenteilstrich zu kennen. Den für die Realisierung der projektierten Neigung mit dem Winkel α vorzugebenden Libellenausschlag von n Teilstrichen berechnet man folgendermaßen

$$n = \frac{\alpha}{\tau} \tag{3.15}$$

Das Lasernivellier stellt man in der Verlängerung der projektierten Geraden auf (Bild 3.3), richtet den Laserstrahl in die Flucht ein und verändert durch Betätigung der Kippschraube die Röhrenlibelle gegenüber ihrer Nulllage so, daß die Abweichung n Teilstriche beträgt. Nun besitzt der Laserstrahl den vorgegebenen Neigungswinkel α.

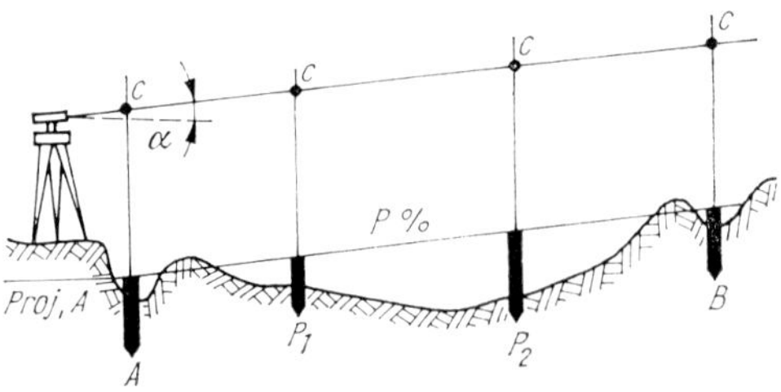

Bild 3.3. Absteckung einer Neigungsgeraden mittels Nivellierlibelle

Man beginnt mit der Absteckung am bereits vermarkten Punkt A mit der Soll-Höhe $H_{Proj,A}$, ermittelt dort durch Ablesung an der Nivellierlatte das Maß c, das man auf den weiter abzusteckenden Punkten als Bezugsmaß für die Höheneinrichtung der Pfahloberkante mittels Laserstrahls und Nivellierlatte benutzt.

c) Verwendung der Neigungsmeßeinrichtung (Bild 3.4)

Die Anwendung von Laserfluchtungsgeräten mit Neigungsmeßeinrichtung ist für die Übertragung geneigter Bezugslinien besonders vorteilhaft. Mit der Einıichtung läßt sich die projektierte Neigung mit hoher Genauigkeit direkt am Gerät einstellen, und somit ist deı Laserstrahl orientiert. Solche Geräte sind international sehr verbreitet, z. B. LFG 1 vom VEB Carl Zeiss JENA, LV 5 (UdSSR), LT 3 (USA), LG 68 (BRD). Die Methodik der Übertragung ist prinzipiell der vorstehenden gleich, nur daß bei eingestellter Soll-Neigung die Libelle der Neigungsmeßeinrichtung eingespielt werden muß.

d) Benutzung des Lasernivelliers ohne Neigungseinrichtung

Ist nur die Höhenabsteckung einer geneigten Linie im Gelände gefordert, verwendet man das Lasernivellier wie ein optisches Nivellierinstrument. Zunächst überträgt man die Höhen des Anfangs- und Endpunktes A und B mittels geometrischen Nivellements ins Gelände. Die Zwischenpunkte werden höhenmäßig so abgesteckt, daß das Instrument möglichst tief auf-

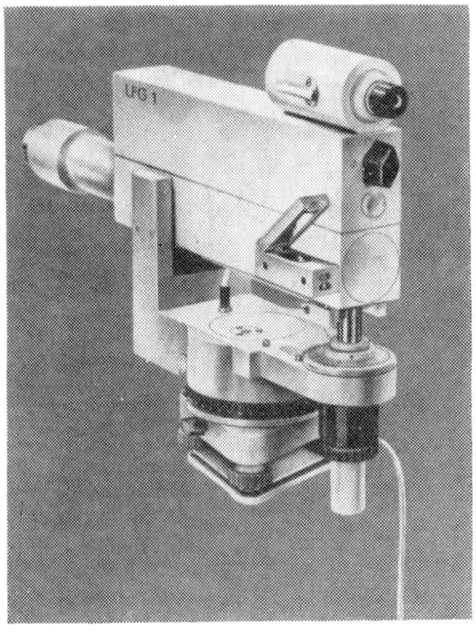

Bild 3.4. Neigungsmeßeinrichtung eines Laserfluchtungsgerätes

gestellt wird und zwei seiner Fußschrauben in der Richtung der abzusteckenden Flucht liegen. Wenn man diese beiden Fußschrauben gegenläufig dreht, kann man die Neigung des Strahlrohrs so ändern, daß sie parallel zur projektierten Längsneigung ist, d. h. sich an den Nivellierlatten auf beiden Endpunkten gleiche Ablesungen c ergeben. Dieses Maß c läßt sich als Lattenablesung auf allen abzusteckenden Zwischenpunkten realisieren, indem man die Latte auf der Pfahloberkante aufhält und den Pfahl so weit in den Boden schlägt, bis sich an der Latte die gewünschte Ablesung c zeigt.

3.5. Visuelle Methoden zur Erfassung des Laserstrahls im Zielpunkt und deren Genauigkeit [16]

Wenn man den ausgesandten und orientierten Laserstrahl als Bezugsgerade nutzt, ergibt sich die Notwendigkeit, die Lage seines Zentrums in dem Punkte zu bestimmen, wo die Absteckung ausgeführt wird. Dies kann entweder mit elektrooptischen Empfangseinrichtungen oder visuell erfolgen. Bei der visuellen Methode wird bei geringen Entfernungen vom Lasergerät die Lage des Laserpunkts auf einer Auflichtzieltafel bestimmt, bei größeren Entfernungen fluchtet man sich mit einer Durchlichtzieltafel selbst in den Strahl ein, indem man die Laserpunktlage visuell von hinten aus auf der Zieltafel beobachtet.

Zur Identifikation des Laserpunktzentrums kann man benutzen:

- den Punkt mit dem Maximum an Leuchtkraft
- den lichtschwächsten Punkt
- das geometrische Zentrum des Laserpunkts beim Selbsteinfluchten (Mittel aus den beiden Randlagen).

Untersuchungsergebnisse haben gezeigt, daß bei Benutzung des Beleuchtungsmaximums am Schnitt des Laserstrahls ein Kreis mit dem Radius

$$r = 1{,}22 \frac{\lambda \cdot l}{D} \tag{3.16}$$

entsteht, wobei λ die Wellenlänge der Laserstrahlung, l die Entfernung vom Lasergerät zur Zieltafel und D der Objektivdurchmesser des Laserkollimators ist. Für die Genauigkeit der Lagebestimmung $\sigma_{f,1}$ des Zentrums dieses Kreises hat man aus Forschungsergebnissen folgende Gleichung ermittelt

$$\sigma_{f,1[\mathrm{mm}]} = l(0{,}2\sqrt{l} \cdot 10^{-3} + 0{,}5) + 1{,}5 \tag{3.17}$$

die man unter Vernachlässigung der kleinen Werte des Klammerausdrucks näherungsweise schreiben kann:

$$\sigma_{f,1[\mathrm{mm}]} \approx 0{,}5 \cdot l \cdot 10^{-5} \tag{3.18}$$

In anderen Forschungsarbeiten wird die Lagebestimmung des Laserpunkts bezüglich des Punkts mit der minimalen Leuchtkraft vorgeschlagen. Diese Erscheinung wird durch Umfokussierung des Strahls erreicht, wobei im

Zentrum des Laserlichtkreises ein dunkler Fleck erscheint, der kleiner als die ursprüngliche Kreisfläche ist. Dieses nun entstandene Zentrum kann man genauer als das des hellen Laserlichtkreises orten. Aus Untersuchungen bei Längen zwischen 500 und 746 m wurde eine Gleichung für die Genauigkeit der Zentrumslage $\sigma_{f,2}$ mit

$$\sigma_{f,2} = \sqrt{(0{,}2 \cdot l \cdot 10^{-5})^2 + 1} \qquad (3.19)$$

abgeleitet.
In die nach Gl. (3.17) oder (3.19) berechnete Genauigkeit der Erfassung des Laserstrahls im Zielpunkt gehen auch die Einflüsse aus der Ablesung an der Zieltafel und die aus den Schwingungen des Laserstrahlenbündels mit ein. Eine Korrelationsanalyse hat jedoch gezeigt, daß bei der Methode mit dem Beleuchtungsminimum die Abhängigkeit der Erfassung des Laserstrahls von der Schwingungsamplitude bei den vorgenommenen Untersuchungen vernachlässigbar klein ist.
Die geometrische Festlegung des Laserpunktzentrums wird durch Zieltafeln mit konzentrischen Kreismarken (Bild 3.5) realisiert, wobei diese in ihrer Lage so lange verschoben werden, bis der Laserpunkt symmetrisch innerhalb der Kreise und damit im Zentrum liegt.
Vom Verfasser wurden 1972 umfangreiche Untersuchungen der Zielstrahlerfassung mit dem Lasernivellier LN 56 und eingefluchteten Zieltafeln ausgeführt. Am Anfang einer 2 km langen Prüfstrecke stand das Instrument, und im Abstand von 200 m waren Zieltafeln aufgestellt. Aus über 4000 Beobachtungen bezüglich des Einfluchtens der Zieltafeln wurde eine Regressionsgerade ermittelt, die empirisch mit

$$\sigma_{f,3[\mathrm{mm}]} = 0{,}5 \cdot l \cdot 10^{-5} + 1 \qquad (3.20)$$

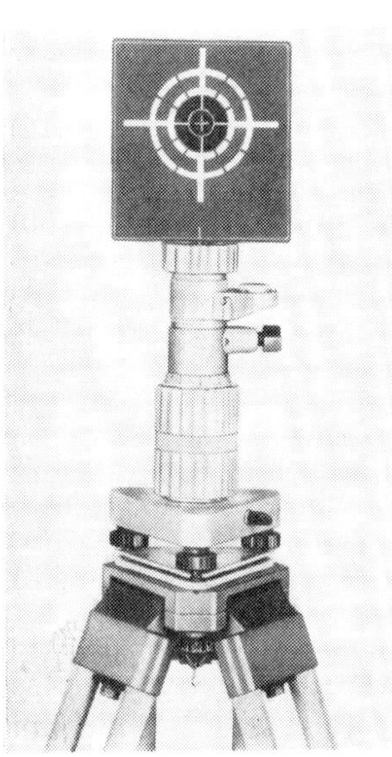

Bild 3.5. Zieltafel mit konzentrischen Kreisen

und näherungsweise mit

$$\sigma_{f,3|\mathrm{mm}|} \approx 0{,}6 \cdot l \cdot 10^{-5}$$

dargestellt werden kann. Diese Genauigkeit erreicht man bei Ablesung des Leuchtminimums, das sich aber nur bei Entfernungen bis zu 1 km anwenden läßt, weil dann die Intensität des Laserlichts zu schwach ist. Die Ablesungen des Punkts mit der maximalen Leuchtkraft beim Einfluchten der Zieltafel unterscheiden sich genauigkeitsmäßig nur unbedeutend von dem oben beschriebenen Ergebnis.

Bei Ablesungen mit der Methode des Beleuchtungsmaximums ist es notwendig, daß der Laserstrahler langzeitig gleichmäßiges Licht aussendet, weil dies die Voraussetzung für eine zuverlässige radiale Verteilung der Laserintensität im Zielpunkt darstellt, wobei sich das Maximum im Laserpunktzentrum befindet. Unter Praxisbedingungen sind derartige Verteilungen Störerscheinungen unterworfen, die aufgrund von Beugung am Rande des Laserrohrs entstehen. Beim Durchlaufen der turbulenten Schicht der Atmosphäre ist es unausbleiblich, daß der Laserstrahl abgelenkt wird, die gleichmäßige Verteilung des Lichts gestört ist und somit das geometrische Zentrum des Laserpunkts nicht mehr mit dem Intensitätsmaximum übereinstimmt. Die Gaslaser des LG 56 arbeiten im Mehrmodensystem. Mit ihnen wurden Untersuchungen zur Beleuchtungsverteilung durchgeführt, die die obengenannten Aussagen bestätigten. Dabei lag das Lichtmaximum nicht im geometrischen Zentrum des Laserpunkts, und darüber hinaus erwies sich die Lichtverteilung als nicht stabil (Bild 3.6), wobei die Ursache u. a. in der Temperaturverformung des Resonators und in Interferenzerscheinungen des Laserstrahls lag.

Orientieren wir den Laserstrahl auf das geometrische Zentrum einer Zieltafel, so treten die erwähnten Nachteile merklich zurück, wir nutzen die gesamte Laserstrahlung aus und erhöhen damit die Reichweite des Lasergeräts.

Die Methode des Selbsteinfluchtens einer Durchlichtzieltafel in den Laserstrahl durch unmittelbare visuelle Beobachtung erweist sich als zukunfts-

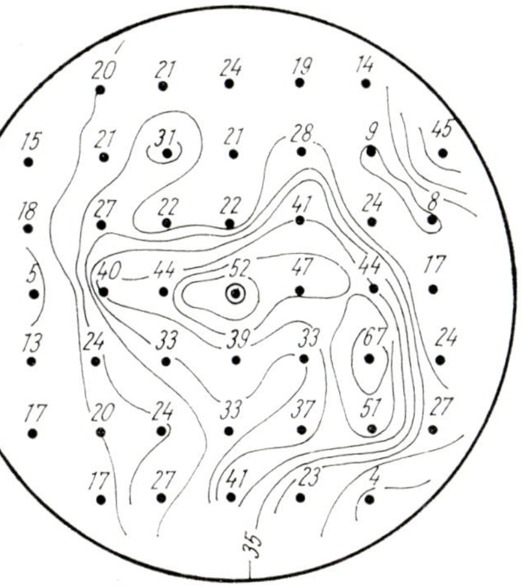

Bild 3.6. Experimentell ermittelte Verteilung der Leuchtkraft im Laserstrahlquerschnitt

weisend. Dabei muß allerdings das Auge durch Lichtfilter gegen die Wirkung des Laserstrahls geschützt werden. Die Ablesungen erfolgen an einem Maßstab auf der Zieltafel an den beiden Stellen, wo sich der Rand des Laserpunkts durch aufhörende Strahlungsintensität abbildet.

Untersuchungsergebnisse zeigten, daß die Genauigkeit des Selbsteinfluchtens nahe an die der vorher beschriebenen Verfahren herankommt, d. h., daß bei 500 m eine Standardabweichung $s_F = 3{,}7$ mm und bei 2000 m $s_F = 12{,}6$ mm erreicht wurde.

4. Anwendung der Lasertechnik beim Brückenbau

4.1. Hydrologische Erkundungsarbeiten für den Brückenbau

Für die Projektierung von Brücken über Wasserläufe sind folgende hydrometrische Arbeiten auszuführen:

- Beobachtung des Wasserstands und seiner Veränderungen
- Ermittlung von Strömungsrichtung und Fließgeschwindigkeit
- Messung von Grundprofilen durch den Wasserlauf
- Bestimmung der Längsneigung des Wasserlaufs
- Feststellung der durchfließenden Wassermenge.

Bei einem Teil der vorgenannten Arbeiten ist der Bezug auf Fluchtgeraden notwendig, die den Wasserweg kreuzen und im Gelände des Uferbereichs festgelegt sind. Die Vermarkung im Gelände erfolgt durch Absteckpfähle, und im Bereich der Wasserfläche wird die Fluchtgerade mittels gespannter Seile oder durch Bojen angezeigt. Der Lasereinsatz bei diesen Arbeiten versetzt uns in die Lage, die Fluchtlinie zwischen den beiden Uferbereichen auf optischem Wege sichtbar zu realisieren und die Messungen auf sie zu beziehen.
Auf einem Endpunkt der Fluchtgeraden wird ein Lasertheodolit aufgestellt und vor seinem Objektiv ein Zylinderlinsenvorsatz mit vertikaler Auffächerung des Laserstrahls angebracht. Der Laserstrahl wird in Richtung der Fluchtgeraden orientiert, wobei es sich bei breiten Wasserläufen empfiehlt, in die Strahlrichtung den Reflektor eines elektrooptischen Entfernungsmessers einzuweisen. Ist der Lasertheodolit richtig ausgerichtet, sieht der Beobachter am Instrument das vom Reflektorprisma widergespiegelte Laserlicht.
Bei der sich ergebenden Notwendigkeit, Messungen auf dem Wasser in einem Punkt auf der Fluchtgeraden auszuführen, verankert man das Boot mit dem Meßgerät zunächst etwas flußaufwärts von der Geraden und läßt dann die Ankerkette so weit nach, bis die Zieltafel am Boot genau in den Laserstrahl eingefluchtet erscheint. Diese Methode der Selbsteinfluchtung läßt Genauigkeiten von 0,15 ... 0,20 m zu und ist somit für die obengenannten Zwecke einfach und ausreichend.
Zusätzlich zur Einfluchtung in die Gerade ist die Längenmessung zwischen dem Standort des Boots und dem Bezugspunkt am Ufer notwendig, die nach folgenden Prinzipien ausgeführt werden kann:

- Messung der Entfernung zum Uferpunkt vom Boot aus mit einem Einstandentfernungsmesser (z. B. BRT 006)

— Messung der Entfernung auf dem Boot durch Horizontalwinkelmessung nach einer Uferbasis mit dem Sextanten
— Aufstellung eines Einstandentfernungsmessers auf dem Uferpunkt und Längenbestimmung zum Boot
— Anwendung des Winkelschnittverfahrens mit zwei Theodoliten von einer Uferbasis nach dem Boot
— Ausführung einer grafischen Ermittlung mit Kippregel und Meßtisch vom Ufer aus bis zum Boot.

Die Vorteile bei der Anwendung liegen in den Methoden, die vom Ufer aus erfolgen, da sie unabhängig von der Verbindung zum Boot sind.
Der Grund des Wasserlaufs wird durch Peilungsmessungen, bezogen auf die Wasseroberfläche, meßtechnisch erfaßt. Diese relativen Höhenmessungen der Profilpunkte, die in der Regel 10 ... 20 m voneinander entfernt sind, erfolgen im Winter vom Eis und im Sommer vom Boot aus. Für die Festlegung der Flucht der Profillinien empfiehlt sich die Anwendung des Lasertheodolits. Zunächst wird am Flußufer ein stationiertes Längsprofil parallel zur Achse des Wasserlaufs abgesteckt, wobei die Abstände für die Querprofile 10 ... 20 m betragen. In jedem dieser Punkte stellt man den Lasertheodolit auf, setzt mit seiner Hilfe einen rechten Winkel gegenüber der Längsachse ab und erhält so die Achse jedes Querprofils durch Angabe des Laserstrahls. Bei Messungen vom Eis aus bohrt man in den entsprechenden Abständen auf der Laserflucht Löcher in das Eis, bestimmt dort die Tiefe des Flußgrunds und mißt, wie oben angegeben, die Entfernung zum Uferpunkt. Auch bei der Messung vom Boot aus sollten die Profile senkrecht zur Achse des Wasserlaufs sein, bei starker Strömung jedoch ist es schwierig, das Boot auf dieser Linie zu halten, und man legt die Profile entsprechend schräg. Um keine Pausen beim Umsetzen des Lasertheodolits entstehen zu lassen, empfiehlt sich die wechselseitige Benutzung von zwei Instrumenten, die zweckmäßig an beiden Ufern aufgestellt sind.
Der Bootsführer beobachtet ständig die Lage des Laserstrahls auf einer am Boot angebrachten Zieltafel, die sich in einer solchen Höhe befindet, daß der Laserstrahl nicht durch Personen und Gegenstände verdeckt wird, und hält das Boot somit auf der Fluchtlinie. Die Zieltafel sollte zweckmäßigerweise 1 ... 2 m lang und 0,15 ... 0,20 m hoch sein, um die Abbildung des Laserstrahls beim Schaukeln des Boots nicht verschwinden zu lassen.
Die Breite der Lasergeraden auf der Zieltafel beträgt bei Entfernungen von 700 ... 1000 m etwa 0,15 ... 0,20 m. Bei größeren Entfernungen und sonnigem Wetter wird die Laserflucht auf der Zieltafel schlecht sichtbar sein, und man benutzt zweckmäßig die Methode der Selbsteinfluchtung mittels Strahlbeobachtung durch eine Durchlichtzieltafel.
Im Jahre 1969 wurden auf dem Fluß Kama Untersuchungen zur Genauigkeit der Bootsführung auf einer Laserflucht ausgeführt. Die Abweichungen von der Fluchtlinie sind mittels Meßtischphotogrammetrie durch zwei Phototheodolite aufgenommen und nachfolgend auf dem Stecometer ausgewertet worden. Die Messungen erfolgten nachts durch Abbildung der Bootsscheinwerfer, die im Abstand von 5 Sekunden eingeschaltet wurden.

Als Ergebnis der Genauigkeit des Einfluchtens des Boots ergaben sich Maximalabweichungen von $\pm 0{,}20$ m bei 4 km Flußbreite, wobei die erreichte Genauigkeit nicht nur auf die Methodik, sondern auch auf die günstigen meteorologischen Bedingungen zurückzuführen ist.

4.2. Anwendung der Lasertechnik bei der Errichtung von Widerlagern und Pfeilern

Bei der Errichtung von Widerlagern und Pfeilern für den Brückenbau sind die Gründungsarbeiten zur Errichtung der Fundamente meist sehr aufwendig und bedingen umfangreiche geodätische Arbeiten. In Abhängigkeit vom Baugrund werden unterschiedliche Gründungsarbeiten angewendet: Flachgründung, Pfahlgründung, Gründung mittels Spundwänden, Senkbrunnengründung und Caissongründung. Die Technologien sind von den örtlichen Bedingungen im Wasserstraßenbereich abhängig, und das Fundament kann sowohl in einer Baugrube, auf geschütteten Inseln oder bei Stellen mit großer Wassertiefe unter Wasser errichtet werden.
Die geodätischen Arbeiten für das Anlegen der Gründung gestalten sich dann besonders umfangreich, wenn sich die Einbauorte weit vom Ufer entfernt befinden. Bezogen auf das im Uferbereich vorhandene Baulagenetz, werden mittels Winkelschnittverfahrens durch Horizontalwinkelmessung mit dem Theodolit die notwendigen Punktkoordinaten im Gründungsbereich bestimmt. Hierbei tritt der Nachteil auf, daß der Beobachter am Theodolit sich weit entfernt vom Bestimmungspunkt befindet und trotz Funkverbindung keinen unmittelbaren Einfluß auf die dort herrschenden örtlichen Verhältnisse hat. Durch Anwendung von Lasergeräten in bestimmten Bauetappen kann man hier eine bedeutende Verbesserung erzielen.
Die Montagegerüste für den Pfeiler- und Widerlagerbau werden mittels Anker, die an vorbestimmten Stellen in den Flußgrund eingebracht wurden, in der Projektlage gehalten. Diese Stellen lassen sich durch Anwendung des Winkelschnittverfahrens mit Hilfe zweier Lasertheodolite auf der Wasseroberfläche festlegen. Dabei geht man von den Punkten des Baulagenetzes aus und setzt mit den beiden Lasertheodoliten die aus Punktkoordinaten des Projekts vorausberechneten Richtungswinkel ab. Man stellt den Lasertheodolit, der mit einer Zylinderlinse für die vertikale Auffächerung des Laserstrahls ausgerüstet ist, auf einen Punkt des Baulagenetzes auf, orientiert den Teilkreis mit Hilfe eines Anschlußpunktes auf das Baulagenetz und dreht das Oberteil so lange, bis der Teilkreis die vorausberechnete Richtung zum Aufstellpunkt des Ankers anzeigt. Ebenso stationiert man den zweiten Lasertheodolit auf einem anderen geeigneten Punkt des Baulagenetzes. Ein Schwimmkran orientiert sich auf dem Fluß nach der Angabe eines Laserstrahls, indem er auf der angezeigten Flucht entlangschwimmt. Erkennt man auf der Zieltafel den zweiten Laserstrahl, stoppt man das Fahrzeug und verankert es. Die Genauigkeitsforderungen hierfür sind meist nicht hoch und betragen etwa 3 ... 5 m. Das Montagegerüst für den Pfahl oder der Ponton mit den Spundwänden werden an die

vorbestimmte Stelle geschwommen und an der Ankertrosse in der Projektlage befestigt. Die Standardabweichungen der hierfür erforderlichen Baugenauigkeit beträgt ±50 mm. Um das Montagegerüst mit einer derartigen Genauigkeit in die Projektlage zu bringen, ist der Lasertheodolit auf einem Uferpunkt der projektierten Brückenachse aufzustellen und auf die Achsrichtung des Bauwerks zu orientieren (Bild 4.1). Im Gerüstbereich ist eine Achslinie festzulegen, die sich in Übereinstimmung mit der Brückenachse befinden muß. Hierfür werden am Gerüst zwei horizontal liegende Maßstäbe mit Zentimeterteilung so angebracht, daß sie sich rechtwinklig zur Bauwerksachse befinden und auf ihnen dic Brückenachse relativ zum Gerüst festgelegt ist. Diese Maßstäbe sollen in einer solchen Höhe angebracht sein, daß der auftreffende Laserstrahl nicht durch Menschen oder Gegenstände verdeckt wird.
Zum Zeitpunkt des Einschwimmens des Pontons mit dem Gerüst wird der Lasertheodolit eingeschaltet und die Lage des vertikalen Laserstrichs auf den Maßstäben beobachtet. Der Ponton wird so gesteuert, daß auf den beiden Maßstäben am Anfang sowie Ende des Gerüsts der Laserstrich mit der relativ festgelegten Achse zusammenfällt und damit das Montagegerüst absolut orientiert ist. Bei Sonneneinstrahlung kann tags unter Umständen der Laserstrich auf der Lattenteilung nicht sichtbar sein, und man wendet dann die Methode der Selbsteinfluchtung mittels Laserstrahlbeobachtung auf einer Durchlichtzieltafel an, welche die genannte Genauigkeit von ±50 mm gewährleistet.
Die Realisierung der Aufstellung des Pontons einschl. Montagegerüst in Längsrichtung der Brückenachse mit der notwendigen Genauigkeit erfolgt durch Anwendung des Winkelschnittverfahrens. Hierzu wird ein zweiter Lasertheodolit auf einem anderen geeigneten Punkt des Baulagenetzes aufgestellt und die entsprechende vorausberechnete Richtung nach der Einbaustelle abgesetzt. Am Montagegerüst ist ein Maßstab in Längsrichtung der Brückenachse angebracht und darauf die Achse des Pfeilers oder Wider-

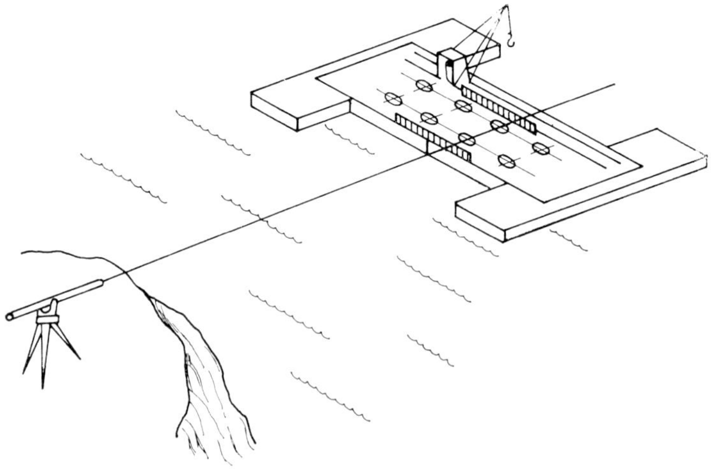

Bild 4.1. Einfluchtung des Montagegerüsts in die projektierte Brückenachse

lagers markiert. Wenn sich der Laserstrich auf dieser Markierung befindet, nimmt der Ponton mit dem Gerüst die projektierte Lage ein. Zur Sicherung der Richtungsangaben mit dem Lasertheodolit empfiehlt es sich, am anderen Ufer einen Reflektor (z. B. den Prismenreflektor eines elektrooptischen Entfernungsmessers) in die Flucht einzurichten und ständig die Reflexion des ausgesandten Laserstrahls als Ausdruck der Stabilität der Ziellinie wahrzunehmen. Zur Kontrolle der Aufstellungsgenauigkeit des Montagegerüsts empfiehlt sich die Nachmessung der projektierten Entfernung in der Brückenachse mit einem elektrooptischen Entfernungsmesser (z. B. EOT 2000) entsprechender Genauigkeit.
Die Anwendung von Lasergeräten gestattet auch die Möglichkeit, die Gerüstlage während des gesamten Absenkungsprozesses des Gründungselements ununterbrochen am Arbeitsort zu kontrollieren, was mit den herkömmlichen geodätischen Methoden praktisch unmöglich ist. Eine Analyse durchgeführter Kontrollmessungen für die Absenkung von Gründungselementen beim Bau einer Reihe großer Brücken hat gezeigt, daß bei Nichtdurchführung kontinuierlicher Kontrollen der Lage des Pontons große Ungenauigkeiten entstehen, die zu Verdrehungen des Gerüsts führen. Dabei kam es zu Abweichungen der Lage von Pfahlzentren bis zu 60 cm, während sie nach den Forderungen der Standards nur $\pm 5 \ldots 10$ cm betragen dürften.
Es empfiehlt sich, Lasertheodolite auch für die örtliche Kontrolle der projektierten Standorte der Gründung, beim Absenken von Caissons und beim Rammen von Gründungspfählen zu benutzen. Die Effektivität der Anwendung der Lasertechnik beim Bau temporärer Pontonbrücken und Fähren ist sehr hoch, weil hier eine ununterbrochene Steuerung der kurzfristigen Bauprozesse notwendig ist. Gegenüber den dabei bisher eingesetzten Leuchtdioden liegen die Vorteile des Lasereinsatzes in der erreichbaren Genauigkeit, der Reichweite, der Sichtbarkeit und der Unabhängigkeit von den meteorologischen Bedingungen. Die Einrichtung der Pontonlage am projektierten Bestimmungsort erfolgt nach der oben beschriebenen Methode durch Anwenden des Winkelschnittverfahrens mittels zweier Lasertheodolite, von denen der eine in der Brückenachse aufgestellt und richtungsgemäß auf diese orientiert wurde.

4.3. Höhenübertragung auf Pfeiler und Widerlager

Die Instruktionen für geodätische Arbeiten beim Brückenbau schreiben vor, daß bei Brücken mit Längen größer als 300 m auf jeder Uferseite mindestens zwei Bezugshöhenpunkte anzulegen und als Höhennetz durch Nivellement miteinander zu verbinden sind. Die Bestimmungsungenauigkeit bezüglich des Ausgangshöhenpunkts soll dabei ± 10 mm nicht überschreiten. Höhenübertragungen über den Wasserlauf sollen entweder im Winter über das Eis, mittels geometrischen Stromübergangsnivellements oder trigonometrischer Höhenbestimmung ausgeführt werden.

In der Sowjetunion ist in den nördlichen Regionen die Ausführung eines Nivellementszugs über das Eis üblich. Um die Genauigkeitseinflüsse vertikaler Eisverschiebungen während des Messungszeitraums auszuschließen, führt man das Nivellement gleichzeitig mit mehreren Geräten durch oder wiederholt die Messung mehrfach. Wendet man zur Messung ein Lasernivellier an, kann man mit horizontalem Strahl von einem Standpunkt aus Zielweiten bis zu 600 m realisieren. Die Ablesung an der Nivellierlatte wird im Zentrum des Laserpunkts nach folgenden Methoden ausgeführt:

- Ablesen der beiden Randlagen des Laserpunkts mit nachfolgender Mittelung
- Erfassen des geometrischen Laserpunktzentrums mit Hilfe einer speziellen Zieltafel
- Bestimmen des Lichtstärkemaximums im Laserpunkt
- Beobachten des durch Umfokussierung entstehenden Lichtstärkeminimums innerhalb des Laserpunkts.

Forschungsergebnisse haben gezeigt, daß die Ablesegenauigkeit mit den vorgenannten Methoden bei 500 m Zielweite 2 ... 4 mm beträgt. Welche der Methoden angewandt wird, ist abhängig von den atmosphärischen Bedingungen sowie den konstruktiven Gegebenheiten des Lasergeräts und wird vom Beobachter bestimmt. Bei Gebieten ohne zuverlässige Eisdecke kann die Höhenübertragung über Pfähle erfolgen, die in den Flußgrund gerammt sind und auf ihrem Kopf eine Platte zur Aufnahme des Lasernivelliers erhalten. Auch die Methode des Stromübergangsnivellements kann durch Aufstellen von zwei Lasernivellieren auf den beiden Uferseiten und gleichzeitiges Ablesen an der jeweiligen Latte auf dem gegenüberliegenden Ufer realisiert werden.

Zur Erhöhung der Ablesegenauigkeit an den Nivellierlatten kann man bewegliche Fotodetektoren auf den Latten anbringen. Eines dieser Konstruktionsprinzipien besteht aus der verschiebbaren Einrichtung (Bild 4.2), die das Fotoelement *1* trägt, das im Brennpunkt des Objektivs *2* angebracht ist, und dem dahinter befindlichen Verstärker *3*. Die Stromspeisung erfolgt aus drei Trockenbatterien *5*. Durch Verschieben der Empfangseinrichtung

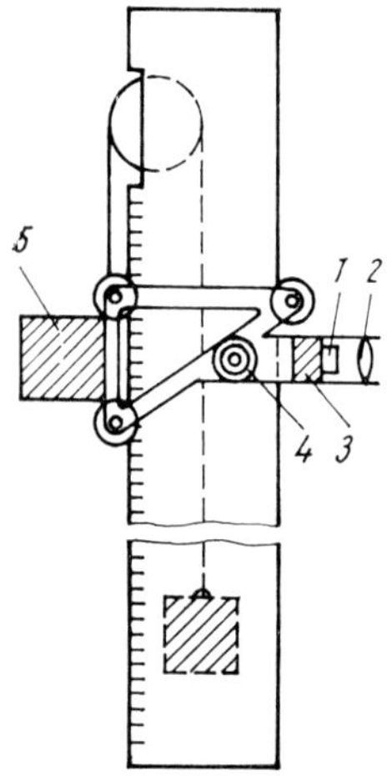

Bild 4.2. Latte mit verschiebbarem Fotodetektor

leuchtet ein Indikator *4* dann auf, wenn eine Randlage des Laserpunkts erreicht ist. Das Mittel beider Ablesungen ergibt den Wert des Laserpunktzentrums. Ausgeführte Messungen haben gezeigt, daß mit dieser Ablesemethode ermittelte Höhenunterschiede bei 300 m Zielweite eine Genauigkeit von ± 3 mm aufwiesen.

Für ein anderes Stromübergangsnivellement wurde bei einer Flußbreite von 700 m die Doppelbeobachtung angewandt. Als Strahlgeber ist ein Lasernivellier auf der Basis des optischen Kompensatornivelliers Ni 007 und als Empfänger ein Detektor auf einer Invarlatte verwandt worden, der eine Laserpunkterfassung von etwa $\pm 0{,}05$ mm zuließ. Mit diesem Gerät wurde bei Zielweiten von 100 m und einer Zuglänge von 600 m ein mittlerer Kilometerfehler von $\pm 0{,}83$ mm/km erreicht. Die beim Stromübergangsnivellement erhaltenen Ergebnisse sind in Tafel 4.1 verzeichnet. Die Vergleichswerte wurden mittels geometrischen Nivellements der 1. Genauigkeitsstufe über eine Eisenbahnbrücke erhalten. Das Stromübergangsnivellement mit dem Lasernivellier dauerte nur 4 Stunden.

Für Baukontrollmessungen bezüglich der Oberkanten von Widerlagern und Pfeilern läßt sich ebenfalls das Lasernivellier anwenden. Es empfiehlt sich dabei, die Nivellierlatte auf den Uferpunkten stationär aufzustellen, um eine ständige Kontrolle der Instrumentenaufstellung möglich zu machen. Für die Höhenübertragung lassen sich als Meßmethoden sowohl das Nivellement mit horizontalem als auch das mit geneigtem Zielstrahl verwenden. Beim Nivellement mit horizontalem Zielstrahl stellt man das Lasernivellier auf dem Widerlager A (Bild 4.3) auf und richtet den Strahl über den Wasserlauf auf die Nivellierlatte am Widerlager B ein. Zur Eliminierung des Fehlereinflusses aus der Nichtparallelität von Laserstrahl- und Libellenachse wird folgende Methode angewendet. Man richtet den Laserpunkt an der Latte in B auf eine Ablesung b aus, die sich aus den Höhenvorgaben H_A und H_B beider Widerlager, der Instrumentenhöhe i und der Korrektur wegen der Erdkrümmung f_B nach folgender Gleichung berechnet:

$$b = (H_A + i) - H_B + f_B \tag{4.1}$$

Auf ähnliche Weise erhalten wir die Höhe H_C am Pfeiler C unter Berücksichtigung der Erdkrümmungskorrektur f_C mit der Lattenablesung c

$$H_C = H_A + i - f_C - c \tag{4.2}$$

Tafel 4.1. Genauigkeitsvergleich beim Stromübergangsnivellement ($l = 0{,}6$ km)

	Geometrisches Nivellement mm	Laser-nivellement mm	Abweichung mm
1. Messung	−591,0	−595,4	−4,4
2. Messung	−593,6	−595,4	−1,8
Mittel	−592,3	−595,4	−3,1

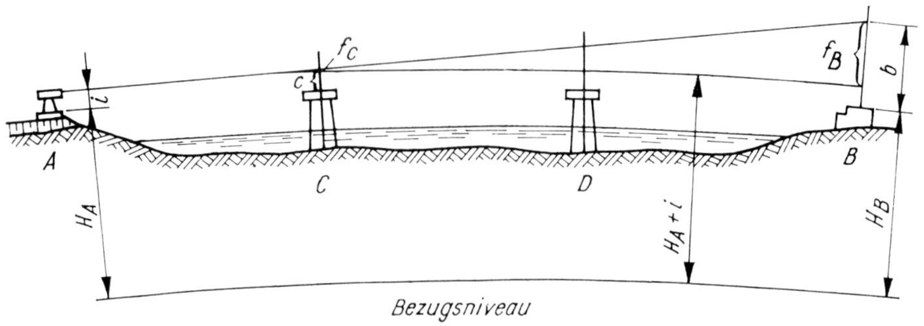

Bild 4.3. Messungsprinzip für das Widerlagernivellement mit horizontaler Zielung

Mit dieser Art kann man die Höhenlage jedes beliebigen Pfeilers, z. B. auch D, messen und berechnen. Unter der Voraussetzung, daß die Genauigkeit der Höhenbestimmung der Pfeilerpunkte C, D von der Höhe der Widerlager H_A und H_B sowie von der Genauigkeit der Instrumentenhöhenabmessung abhängt, wirkt sich die Ablesegenauigkeit σ_a an den Nivellierlatten auf die Bestimmung des Höhenunterschieds zwischen C und D (σ_h) folgendermaßen aus:

$$\sigma_h = \sigma_a \cdot \sqrt{2} \tag{4.3}$$

Mit einer Bestimmungsgenauigkeit der Laserpunktlage von $\sigma_a = 3$ mm erhalten wir für den Höhenunterschied $\sigma_h = 5$ mm. Bei Straßenbrücken mit großer Längsneigung ist häufig der Fall anzutreffen, daß der Höhenunterschied zwischen beiden Widerlagern die Verwendung eines horizontalen Zielstrahls für die Höhenübertragung nicht zuläßt und man die Übertragungsmethode mit geneigtem Zielstrahl benutzt, der durch einen Lasertheodolit erzeugt wird. Der Lasertheodolit wird auf dem Widerlager A aufgestellt und der Laserstrahl auf die in B aufgestellte Nivellierlatte ausgerichtet (Bild 4.4).

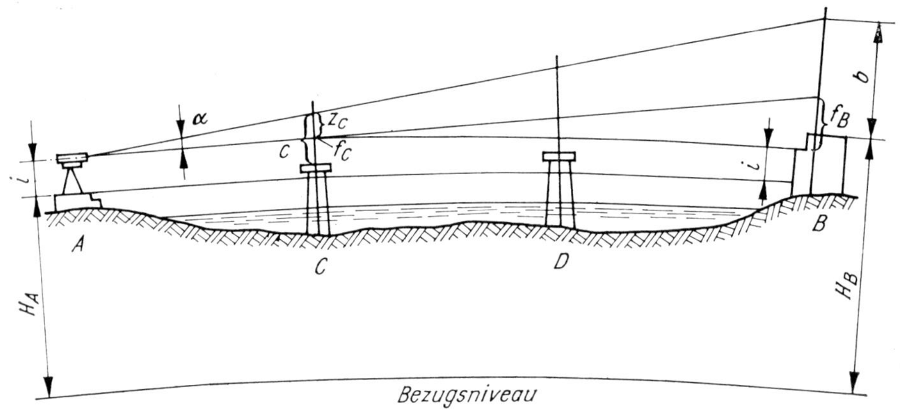

Bild 4.4. Höhenbestimmung von Widerlagern mit geeignetem Zielstrahl

Unter den Voraussetzungen der Gln. (4.2) und (4.3) berechnet man

$$H_C = H_A + i - c + f_C + z_C \tag{4.4}$$

wobei z_C als Verbesserung aus der Strahlneigung unter Berücksichtigung der Entfernungen $\overline{AB}$ und $\overline{AC}$ wie folgt berechnet werden kann:

$$z_C = \frac{\overline{AC}}{\overline{AB}} (H_B - H_A + b - i - f_B) \tag{4.5}$$

Zur Genauigkeitsbestimmung der oben beschriebenen Methoden sind im Leningrader Eisenbahningenieurinstitut LIIShT am Lehrstuhl für Geodäsie Messungen mit Lasernivellieren und horizontalen bzw. mit Lasertheodoliten und geneigten Zielstrahlen über eine Entfernung von 500 m ausgeführt worden. Die Ablesungen des Laserpunkts erfolgten visuell an einer 3-m-Nivellierlatte, wobei der Laserpunktdurchmesser 65 mm betrug. Der Höhenunterschied zwischen Geräte- und Lattenstandpunkt ist geometrisch mit dem Ni 007 und Invarlatten bestimmt worden. Die Messungen mit dem Laser wurden während der Dunkelheit ausgeführt und erbrachten als Ergebnis eine Standardabweichung von 2 mm. Diese hohe Genauigkeit ist daraus erklärbar, daß die bekannten Endpunkthöhen in A und B in großem Umfang Fehlereinflüsse aus der Refraktion und der Nichtparallelität von Libellen- und Laserstrahlachse eliminieren.
Andere Untersuchungsergebnisse für die Höhenbestimmung einer Bandförderertrasse mittels Lasernivellements und vorwärts orientierter Laserstrahlachse brachten bei 706 m Zielweite eine Ungenauigkeit der Höhenpunkte von $\pm 8{,}9$ mm. Eine weitere Untersuchung der Höhenbestimmung mit einem Laserfluchtungsgerät ergab bei 500 m Zielweite einen Höhenfehler von $\pm 3{,}8$ mm und ist somit mit dem Nivellement der 2. Genauigkeitsstufe zu vergleichen.

4.4. Vor- und Endmontage von Überbauten mit Hilfe des Laserstrahls

Die wesentlichen geodätischen Arbeiten bei der Vor- und Endmontage von Brückenüberbauten auf Pfeilern und Widerlagern bestehen in der Kontrolle der Geradlinigkeit bei der Vormontage der Hauptträger, der höhenmäßigen Sicherung der Endmontage und der Kontrolle des Brückeneinbaus. Die Vormontage von Überbauten kann mit nachfolgenden Technologien erfolgen:

— Montage auf Lehrgerüsten, die sich im Stützfeld befinden
— teilweise oder ganz abgespannte Montage
— Vormontage am Ufer mit nachfolgendem Einschieben des Überbaus
— Montage am Ufer mit Einschwimmen des Überbaus.

Die geodätischen Arbeiten bei der Montage auf Lehrgerüsten bestehen aus folgenden Prozessen:

— Abstecken der Stützpfeiler für die zeitweilige Auflagerung

- Übertragen und Festlegen der Brückenachse und Trägerknoten auf die Lehrgerüste
- Genauigkeitskontrolle der Vormontage von Überbauten
- Deformationsmessungen an den Lehrgerüsten während der Überbaumontage.

Durch das Anwenden der Lasertechnik werden die erforderlichen geodätischen Messungen in ihrer Ausführung rationalisiert, ihre Genauigkeit erhöht und der Meßort vom Instrument unmittelbar an die Montagestelle verlagert. Auf dem Zentrum des einen Widerlagers wird der Lasertheodolit, auf dem anderen eine Zieltafel mit entsprechender Instrumenten- bzw. Zielhöhe aufgestellt und der Laserstrahl ausgerichtet. Nunmehr bildet der Laserstrahl im Raum eine horizontale durch die Brückenachse verlaufende Linie, von der aus man die Achslage auf die Lehrgerüste oder Überbauten übertragen und entsprechend markieren kann. Die Höhenlage des Laserstrahls H_L erhält man durch Messung der Instrumentenhöhe i über der Höhenfestlegung H_A auf dem einen bzw. Messung der Zielhöhe z über der anderen Höhenfestlegung H_B auf dem anderen Widerlager

$$H_L = H_A + i \tag{4.6}$$

$$H_L = H_B + z \tag{4.7}$$

Von den Festlegungspunkten der Brückenachse aus kann man die Achsen der Trägerknoten abstecken. Zur Höhenbestimmung der Punkte auf den Lehrgerüsten unter den Trägerknoten ist die Verwendung des Zylinderlinsenvorsatzes vor dem Strahlrohr des Lasertheodolits zweckmäßig, wodurch der Laserstrahl in einen horizontalen Sektor aufgefächert wird und sich somit die Nivellementsarbeiten erleichtern. Die Punkthöhe H_P erhält man aus der Ablesung a der Laserpunktlage auf der Nivellierlatte im Trägerknoten

$$H_P = H_L - a \tag{4.8}$$

Bei der Vormontage von Überbauten am Ufer stehen die gleichen meßtechnischen Arbeiten im Mittelpunkt. Hier ist es möglich, durch Verwendung mehrerer Lasergeräte bzw. Umlenkprismen mit den Laserstrahlen ein Achsgitter zu erzeugen, das in kurzen Abständen parallel zur Konstruktion orientiert ist, so daß die Einrichtung der Einbauteile in ihre projektierte Lage mittels Maßstabs erfolgen kann. Damit ist die Messung von Deformationen möglich, und es läßt sich die Endkontrolle der Vormontage ausführen.

Bei der Errichtung großer Brücken über schiffbare Wasserläufe und tiefe Schluchten erweist sich die Montage teilweise oder ganz abgespannter Überbauten als wirtschaftlichstes Verfahren. Beim teilweise abgespannten Zusammenbau wird der Überbau vormontiert und in Längsrichtung auf das gegenüberliegende Widerlager zu bis zum Einbaustützfeld geschoben. Dabei dienen bereits montierte Überbauten oder vorübergehend errichtete Stützvorrichtungen als Zwischenauflager. Beim Zusammenbau ganz abgespannter Konstruktionen bewegt man die Überbaukonstruktionen von den beiden einander gegenüberliegenden Widerlagern aus bis zur Mitte des Stützfeldes aufeinander zu, dabei unterstützen im Fluß errichtete Hilfsauflager den Vortrieb.

Bei der Montage ganz abgespannter Konstruktionen muß die erste Überbaukonstruktion besonders sorgfältig in die Projektlage eingerichtet werden, weil durch sie die geometrische Lage der nachfolgenden Überbauten wesentlich beeinflußt wird. Besondere Aufmerksamkeit ist geschweißten Metallkonstruktionen mit großen Ausmaßen zu widmen. Bei Anwendung des Lasertheodolits oder -nivelliers ist es den Montagebrigaden möglich, durch ständige Angabe der Bezugsachsen und -ebenen durch den Laserstrahl die Qualität der Montagearbeiten zu kontrollieren und bei Notwendigkeit vor Weiterführung zu regulieren. Zur Kontrolle der Zuverlässigkeit von Achsangaben durch den Laserstrahl richtet man zweckmäßig auf dem gegenüberliegenden Widerlager eine Zieltafel in den Laserstrahl ein und beobachtet die Zentrumslage des Laserpunkts mit optischem Zielfernrohr. Die Bezugslinie des Laserstrahls bietet bei ihrer Verwendung für Montagearbeiten den Vorteil, daß sie nicht dem Durchhang und der Windeinwirkung ausgesetzt ist, durch Menschen und Gegenstände nicht verändert werden kann und eine kontinuierliche Steuerung des Bauprozesses zuläßt.

Auch bei der Ausführung von Messungen zur Endkontrolle bezüglich der Qualitätsbeurteilung der Überbauten lassen sich Lasergeräte anwenden. Die Aufnahme des Trägergrundrisses sollte mit Hilfe eines Lasertheodolits ausgeführt werden, dessen Zylinderlinsenvorsatz den Laserstrahl in eine Vertikalebene auffächert. Der Theodolit wird auf dem Widerlager aufgestellt und der Laserstrahl auf eine Parallele zur Bauwerksachse in 30 ... 50 cm Abstand von dem zu kontrollierenden Träger orientiert. Die Aufnahme der Träger erfolgt mit Hilfe eines horizontal aufgehaltenen Maßstabs oder Nivellierlatte, an denen man die Lage des Laserstrahls und damit den Ist-Abstand zur Konstruktionskante abliest. Bei Entfernungen von 100 ... 150 m zum Lasertheodolit beträgt die Strichbreite 15 ... 20 mm, und der Strich ist bei jedem Wetter gut sichtbar. Die Ergebnisse der Endkontrollmessungen in Querrichtung werden grafisch aufgetragen, und es wird kontrolliert, daß die Genauigkeitsforderungen der Querverdrehung ($l/5\,000$) und der Längsneigung zwischen zwei Knotenpunkten ($l/1\,000$) eingehalten sind.

Das Nivellement der Trägergurte zur Kontrolle der Einbauhöhe läßt sich mit Hilfe des Lasernivellements ausführen. Zur Erhöhung der Messungsgenauigkeit bei großen Stützweiten wird der Laserstrahl in horizontaler oder geneigter Lage auf zwei höhenmäßig bekannte Punkte an beiden gegenüberliegenden Widerlagern orientiert. Zum Erreichen günstiger Messungsbedingungen empfiehlt sich das Verwenden eines Zylinderlinsenvorsatzes mit horizontaler Auffächerung des Laserstrahls, wodurch das Messen beschleunigt wird, weil das jeweilige Ausrichten des Strahls auf die Nivellierlatte entfällt und bei einer Einstellung gleichzeitig an mehreren Punkten abgelesen werden kann. Änderungen der Temperatur, besonders die ungleichmäßige Sonneneinstrahlung auf die Überbauten, rufen Veränderungen

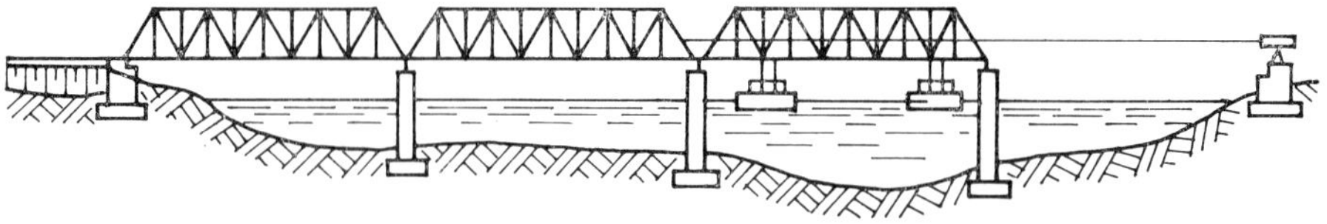

Bild 4.5. Ausrichten eingeschwommener Überbauten mittels Laserfluchtung

der Höhenlage der Träger hervor. Deshalb empfiehlt es sich, die Nivellementsarbeiten für die Trägergurte zu Tageszeiten auszuführen, bei denen die Temperatureinflüsse als gleichmäßig zu betrachten sind. Der Einsatz des Lasernivelliers gestattet es, die Arbeiten auch nachts auszuführen, wenn die Benutzung optischer Instrumente schwierig ist.
Werden die Überbauten am Flußufer vormontiert und nachfolgend an ihren Bestimmungsort transportiert, so sichert der Einsatz eines auf die Brückenachse orientierten Lasertheodolits die ständige Kontrolle der Lage und Höhe der Überbauten beim Transport und Absetzen auf die vorgesehenen Auflager und vereinfacht somit das Einrichten des Überbaus in die Projektlage. Besonders bei breiten Wasserläufen, wenn die Brückenüberbauten im Uferbereich vormontiert und an ihren Einbauort eingeschwommen werden, gestaltet sich der Einsatz von Lasergeräten effektiv (Bild 4.5). Bei dieser Technologie ist die ständige und sichtbare Angabe der Brückenachsenlage besonders wesentlich.

4.5. Lasereinsatz bei Deformationsmessungen an Überbauten [35]

Für Deformationsmessungen an Brücken nimmt der Einsatz geodätischer Meßmethoden einen wichtigen Platz ein, weil sie in ihrem Ergebnis die geometrische Größe und Richtung der Deformationen an den Konstruktionsteilen zeigen. Vertikale Abweichungen bestimmt man normalerweise durch geometrisches Nivellement, dessen Anwendungsprobleme u. a. in der Schwierigkeit des Einsatzes unter Nachtbedingungen und im Einfluß dynamischer Kräfte auf das Meßergebnis liegen. Der Einsatz des Lasernivellements schaltet diese Unzulänglichkeiten aus, weil einerseits der Laserstrahl nachts gut sichtbar ist und andererseits die großen möglichen Zielweiten das Aufstellen des Lasernivelliers außerhalb der Konstruktion sowie das Ablesen direkt am Meßort der Deformation möglich machen.
Bei dynamischen Deformationsmessungen gestattet es der Einsatz des Lasertheodolits, Amplituden und Schwingungsperioden zu messen. Man stellt das Instrument am Ufer auf und richtet den Laserstrahl auf eine Zieltafel aus. Während der Untersuchungsdauer bewegt sich die Zieltafel gemeinsam mit der Baukonstruktion, und es zeigen sich Veränderungen der Lage des Laserpunkts bezüglich des Gitternetzes auf der Zieltafel. Diese Lageveränderungen werden mit einer Filmkamera aufgenommen, die auf dem Überbau in unmittelbarer Nähe der Zieltafel aufgestellt ist. Aus den

einzelnen Filmbildern lassen sich die jeweiligen Koordinaten des Laserpunktzentrums auf der Zieltafel bestimmen. Durchgeführte Untersuchungen zeigten, daß sich aus den Filmaufnahmen die Koordinaten des Laserpunktzentrums mit einer Standardabweichung von 2 ... 4 mm ermitteln lassen, dabei betrug die Durchbiegung des Konstruktionsteils etwa 70 mm. Wendet man das Prinzip an, daß die Ungenauigkeit des Meßverfahrens 10% der des Ergebnisses betragen soll, so ist die oben genannte Genauigkeit ausreichend. Bei einer anderen Methode zur Registrierung von Deformationen benutzt man die Aufstellung einer fotografischen Kamera, die mit der Zieltafel verbunden ist und in ihrer Bildebene eine Mattscheibe mit Koordinatengitter besitzt, auf der sich der Laserpunkt ständig abbildet und entsprechend fotografiert wird. Der Filmtransport und die Belichtung werden durch Batteriespeisung realisiert. Eine derartige Kamera wurde auch für die Aufmessung von Kranbahnen genutzt, und die Ergebnisse zeigten, daß die Koordinaten des Laserpunkts mit einer Standardabweichung von 2 ... 3 mm gemessen werden können.

Sind bei Deformationsmessungen Verdrehungen von Konstruktionsteilen zu bestimmen, so lassen sich diese nach dem optischen Prinzip der Spiegeldrehung ermitteln. Dabei fällt der vom Lasergerät ausgesandte Strahl auf einen Planspiegel, der am Meßort der Winkeldeformation an der Konstruktion befestigt ist, und wird von dort auf eine Zieltafel reflektiert. Bei Verdrehung der Konstruktion ändern sich die Reflexionswinkel und damit die Lage des Laserpunkts auf der Zieltafel. Beträgt beispielsweise die Entfernung zwischen Spiegel und Zieltafel 30 m, so ruft eine Verdrehung der Konstruktion um 1′ bereits eine Lageveränderung des reflektierten Laserpunkts auf der Zieltafel von 16 mm hervor. Mißt man diese Lageveränderungen des Laserstrahls, so lassen sich auf einfache Weise Verdrehungen der Konstruktion bestimmen.

5. Anwendung von Lasergeräten beim Tunnelbau

5.1. Nutzung der Lasertechnik zur Orientierung des Schildvortriebs

Unter den gegenwärtigen Verhältnissen stellt der untertägige Tunnelbau in der UdSSR und anderen Ländern die effektivste Technologie dar. Die Anwendung hochmechanisierter Vortriebsschilde und moderner Fertigungsmethoden beim bergmännischen Vortrieb ermöglichen hohe Baugeschwindigkeiten bei der Errichtung von Tunneln für Transportwege [47]. Beispielsweise beträgt die Vortriebsgeschwindigkeit beim Bau der Moskauer Metro mehr als 400 m/Monat. Diese hohe Arbeitsgeschwindigkeit bedingt auch eine ständige Kontrolle der Vortriebsrichtung des Schilds nach Lage und Höhe. Hierfür eignet sich besonders der Einsatz geodätischer Lasergeräte, weil ihre Nutzung den technologischen Bauablauf nicht stört und außerdem eine ständige Kontrolle gestattet.
Mit Hilfe des Laserstrahls wird eine sichtbare, räumlich orientierte Bezugsachse geschaffen. Diese Achse ermöglicht es, ständig dem Vortriebsschild die Arbeitsrichtung vorzugeben und die bereits gefertigte Tunnelröhre nach Lage und Höhe zu kontrollieren (Bild 5.1). Der Gerätesatz zur Richtungsorientierung beim Tunnelbau besteht aus dem Sende- und Empfangsteil. Das Lasergerät stellt den Sendeteil dar und erzeugt mit dem Laserstrahl eine Bezugslinie oder -ebene im Raum, die nach den projektierten Parametern orientiert ist. Der Empfangsteil registriert die Lage des Strahls am unmittelbaren Vortriebsort, wo die Zieltafel an der Baumaschine befestigt ist, und dient somit zur Koordinatenbestimmung des Bauobjekts.
Die Bestimmung der Lage und Höhe des Vortriebsschilds mit Hilfe des Laserstrahls kann visuell oder mittels Fotodetektoren ausgeführt werden (Bild 5.2). Wenn die Bestimmung der Vortriebsschildlage *4* visuell vorgenommen wird, muß das Lasergerät im Tunnel aufgestellt und der Laserstrahl *1* parallel zur Tunnelachse orientiert werden. Die richtige Schildbewegung wird mit Hilfe zweier am Schild befestigter Durchlichtzieltafeln *2* und *3*, die ein Koordinatengitter tragen, kontrolliert. Die Zieltafeln sind so angebracht, daß der Laserstrahl durch die Zentren beider Zieltafeln gehen muß. Wenn das Schild von der vorgegebenen Vortriebsrichtung abweicht, verändert sich die Laserstrahllage auf der Zieltafel, und die Abweichungen in Grundriß- sowie Höhenlage können zweidimensional am Koordinatengitter abgelesen werden. Nach Ablesung der Koordinaten lassen sich daraus die Positionsabweichungen δ_x und δ_y, aber auch die

Bild 5.1. Angabe der Vortriebsrichtung im Tunnel mittels Laserstrahls

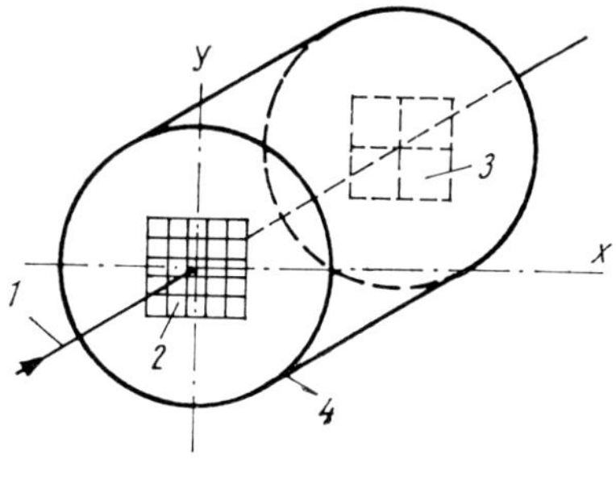

Bild 5.2. Prinzip der Lagebestimmung beim Schildvortrieb

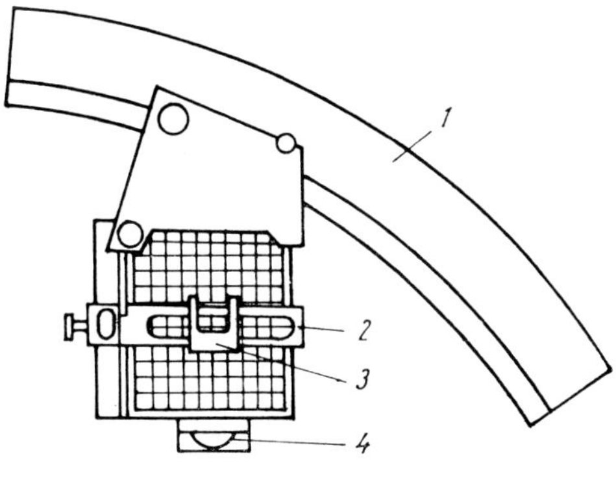

Bild 5.3. Zieltafel für die visuelle Kontrolle des Schildvortriebs

Abweichungen der Seitenrichtung und der Längsneigung der Tunnelröhre bestimmen. Zur Angabe der projektierten Achsrichtung bei Tunnelbauten dienen Laserfluchtungsgeräte (z. B. LV 5, LUN), die industriell in Serie gefertigt werden. Ebenso lassen sich die vorhandenen Lasertheodolite verwenden. Der Empfangsteil besteht bei visueller Bestimmung der Schildlage aus zwei Zieltafeln, auf die ein Koordinatengitter mit der Maschenweite von 10 mm (Bild 5.3) aufgetragen ist. Mit Hilfe der Meßeinrichtung, bestehend aus einer beweglichen Skale *2* und dem Läufer *3*, können Messungen mit Millimetergenauigkeit ausgeführt werden. Die Zieltafeln sind mittels Bügeln *1* am vorderen und hinteren Schildring befestigt. Wenn sich der Schild um seine Achse dreht, kann die Zieltafellage mit Hilfe der Libelle *4* durch Verschiebung entlang des Bügels entsprechend korrigiert werden. Die hintere Zieltafel ist als Durchlichtzieltafel in Matt- oder Plexiglas ausgeführt, während die vordere eine undurchsichtige Auflichtzieltafel darstellt. In Vortriebspausen werden die Zieltafeln entfernt, damit sie nicht die Arbeit am Abbauort behindern.

Wie bereits bemerkt, bestehen die Zieltafeln oft aus Plexiglas bzw. Filmfolien, wobei die glatte Materialoberfläche einen Teil des Laserstrahls reflektiert und außerdem die Umrisse des Laserpunkts schlecht sichtbar macht. Die Schaffung einer lichtzerstreuenden Zieltafeloberfläche führt zu einer starken Absorption der Strahlungsenergie bereits an der ersten Zieltafel. Aufgrund theoretischer und experimenteller Arbeiten am Lehrstuhl für Geodäsie des Leningrader Eisenbahn-Ingenieur-Instituts wurde ermittelt, daß es für die Durchlichtzieltafeln vorteilhaft ist, gelochtes Material mit Aussparungen von 1,5 ... 3 mm Seitenlänge sowie Lochabständen von 2 ... 5 mm zu verwenden. Die symmetrisch angeordneten Aussparungen können sowohl quadratisch als auch sechseckig sein, und das Bild des Diffraktionsstrahls auf der Auflichtzieltafel gestattet eine gute Sichtbarkeit sowie ausreichende Ablesegenauigkeit.

Die Lage des Lichtpunkts des Laserstrahls auf der Zieltafel, woraus Aussagen zum Verhältnis zwischen projektierter und tatsächlicher Tunnelrichtung abgeleitet werden, wird in rechtwinkligen Koordinaten bestimmt und stellt die absolute Abweichung zwischen Schild- und Tunnelachse dar. Die hierzu erforderlichen geodätischen Vorarbeiten bestehen in folgendem:

- Abstecken der Projektachse des Tunnels
- Orientieren des Lasergeräts und seines Strahls auf die projektierte Richtung der Lage und Höhe
- Einstellen der Empfangseinrichtungen für den Laserstrahl an den vorgesehenen Punkten des Vortriebsschilds.

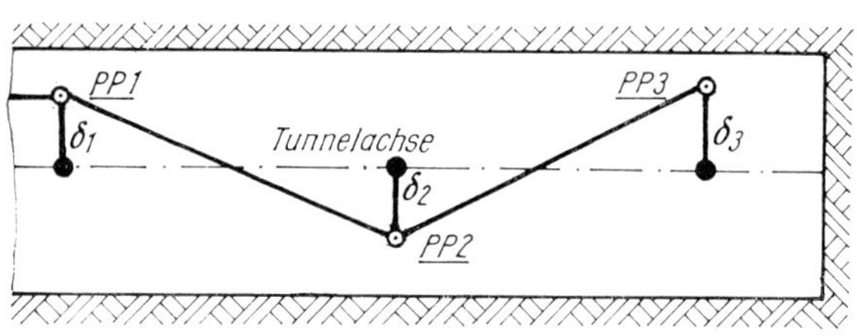

Bild 5.4. Absteckung der Tunnelachse an Polygonpunkten

5.2. Absteckung der Tunnelachse und Orientierung des Lasergeräts

Die Absteckung der projektierten Tunnelachse erfolgt in geradlinigen Bauabschnitten nach einem der nachfolgenden Verfahren:

1. Abstecken der berechneten Abstände δ_1, δ_2, δ_3 zwischen Tunnelachse und Polygonseite an den Polygonpunkten P_1, P_2, P_3 (Bild 5.4) mittels Längenmeßgeräts
2. Absetzen des Differenzwinkels β zwischen Polygonseite und Tunnelachse auf dem Polygonpunkt mittels Theodolits, wodurch eine Parallele zur Tunnelachse im Abstand δ_i (Bild 5.5) erhalten wird
3. polare Absteckung von Punkten der Tunnelachse mittels Theodolits (Winkel φ_i) und Längenmeßgeräts (Länge l_i) von den Polygonpunkten P aus (Bild 5.6).

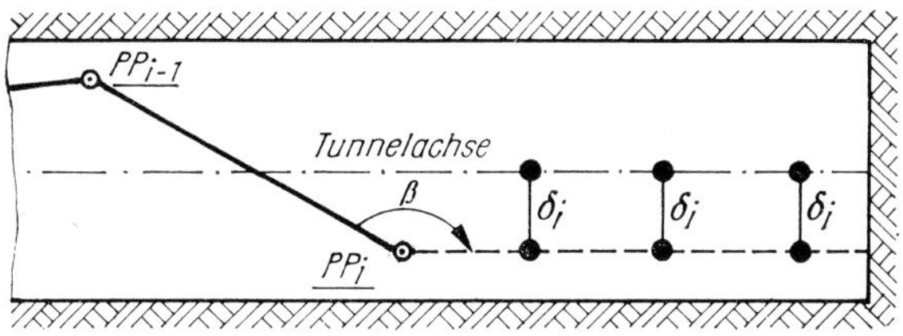

Bild 5.5. Absteckung der Tunnelachse durch Absetzen des Richtungswinkels

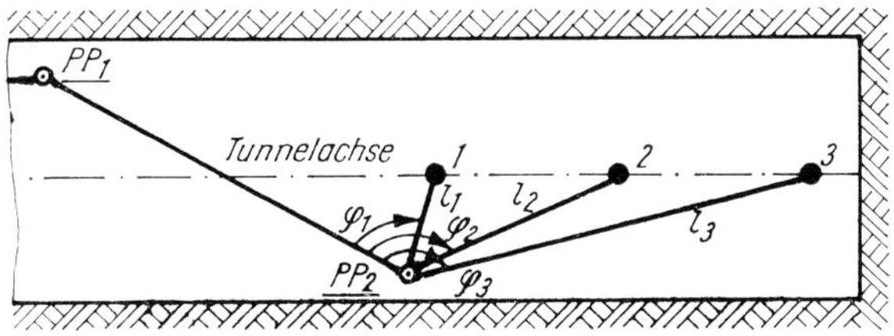

Bild 5.6. Polare Absteckung der Tunnelachse

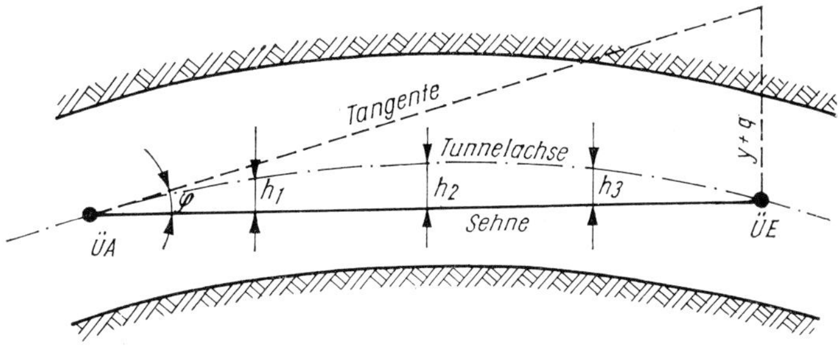

Bild 5.7. Absteckung der Tunnelachse im Übergangsbogen

In Bild 5.7 ist gezeigt, wie im Bereich des Übergangsbogens zwischen Gerade und Kreisbogen die Tunnelachse von der Sehne aus orthogonal abgesteckt werden kann. Dabei wird der Winkel φ zwischen Tangente und Sehne aus der Differenz der beiden Richtungswinkel abgeleitet. Die Pfeilhöhen h_i, bezogen auf die Sehne des Übergangsbogens, können nach der Näherungsformel

$$h_i = l_i \cdot \tan \varphi - (y_i + q_i) \tag{5.1}$$

mit

$$y_i = \frac{l_i^3}{6 \cdot c} \quad \textit{und} \quad q_i = q \cdot \frac{l_i}{l_{ü}}$$

berechnet werden, worin bedeuten

l_i Abstand des Punkts vom Übergangsbogenanfang *ÜA*
$l_{ü}$ Länge des Übergangsbogens
c Parameter des Übergangsbogens in Abhängigkeit von Radius R und Übergangsbogenlänge $l_{ü}$ ($c = l_{ü} \cdot R$)
q Abweichung zwischen Tunnel- und Gleisachse bei *ÜE*.

Bei der Absteckung kreisbogenförmiger Tunnelachsen ersetzt man zweckmäßig den Kreisbogen durch ein Polygon der dazugehörigen Sehnen. Die Sehnenlänge wird so gewählt, daß ihre Abweichung von der dazugehörenden Kreisbogenlänge meßtechnisch vernachlässigt oder durch Korrektur berücksichtigt werden kann. In diesem Falle wird die bautechnisch größtmögliche Pfeilhöhe $h_{\max}$ vorgegeben (Bild 5.8), und man bestimmt bei bekanntem Radius R mit nachfolgenden Formeln die Länge der zugehörigen Sehne

$$s_1 = 2{,}8 \cdot \sqrt{R \cdot h_{\max}} \tag{5.2}$$

bzw. der Sekante

$$s_2 = 4{,}0 \cdot \sqrt{R \cdot h_{\max}} \tag{5.3}$$

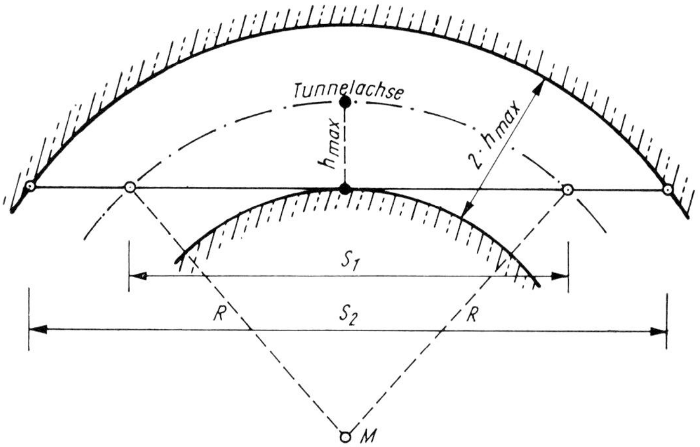

Bild 5.8. Abhängigkeit der Sehnen- und Sekantenlänge vom Radius

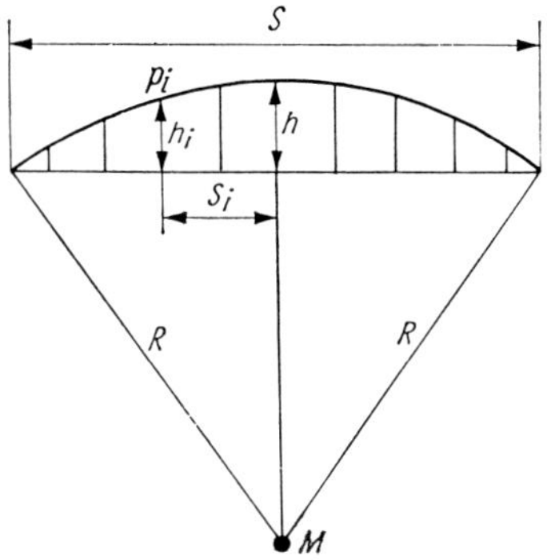

Bild 5.9. Absteckung der Tunnelachse von der Kreisbogensehne aus

Zur Rationalisierung der Absteckungsarbeiten werden möglichst lange Sehnen benutzt, und es wird notwendig, zusätzlich an den Bogenzwischenpunkten noch die Abweichungen des Kreisbogens von der Sehne als Pfeilhöhen h_i anzubringen, die nach Bild 5.9 näherungsweise mit der Formel

$$h_i = \frac{s^2}{8R} - \frac{s_i^2}{2R} \tag{5.4}$$

berechnet werden können, wobei bedeuten:

s Gesamtsehnenlänge
s_i Abstand des Zwischenpunkts P_i von der Sehnenmitte.

Die Aufstellung des Lasergeräts muß standsicher und günstig für die Richtungsorientierung erfolgen. Kriterien für die Wahl des Standpunkts sind u. a. seine Entfernung vom Vortriebsschild, seine Lage im Tunnelquerschnitt, die vorgegebene Vortriebsgenauigkeit des Tunnels, die Genauigkeit der Lasersteuerung des Vortriebsschilds, die rationellste Standpunktfolge bei der Weiterführung des Vortriebs sowie die Bautechnologie am Abbauort.

Die Genauigkeit der Lagebestimmung des Schilds bei der visuellen Ortung des Laserstrahls hängt nicht nur von der gewählten Meßtechnologie, sondern auch von den mikroklimatischen Bedingungen im Tunnel (Refraktion und Intensitätsverluste des Laserstrahls), von durch Gesteinsdruck hervorgerufene Bodendeformationen und anderem ab. Diese Fragen sind sehr problematisch und erfordern stets spezielle Untersuchungen unter den konkreten Baustellenbedingungen. Um die Einwirkung der Vibration auf die möglichen Lageveränderungen des Lasergeräts zu minimieren, muß das Gerät in ausreichendem Abstand vom Abbauort aufgestellt werden. Beim Bau von Verkehrstunneln ist es zweckmäßig, das Lasergerät auf den Polygonpunkten direkt oder auf vorher abgesteckten Zwischenpunkten in der Tunnelachse aufzustellen bzw. markscheiderisch aufzuhängen. In diesem Falle vereinfacht sich die Koordinatenbestimmung und die Orientierung des ausgesandten Laserstrahls.

Das aufgestellte Lasergerät soll sich ohne Schwierigkeiten im Tunnelquerschnitt seitlich verschieben lassen und eine freie Drehung des Laserrohrs um seine Kippachse gestatten. Ein geeigneter Ort für die Aufstellung wird durch Befestigung des Geräts an der Tunnelverkleidung gefunden. Auch die Aufstellung des Lasergeräts auf der horizontalen Grundebene des Tunnelquerschnitts wird bei entsprechenden Bedingungen nicht ausgeschlossen. Bei letzterem empfiehlt sich die Verwendung eines Spezialstativs mit Zentriereinrichtung in Form eines Kreuzschlittens, das die Lageorientierung des Lasergeräts in beiden Grundrißrichtungen bewirkt. Besitzt das Lasergerät einen Horizontalkreis, so wird der ausgesandte Laserstrahl durch Absetzen des Winkels β (Bild 5.5) von der Ausgangsrichtung aus orientiert, der den Differenzwinkel zwischen der Richtung der Polygonseite und der projektierten Tunnelachse darstellt. Wird ein Lasergerät verwendet, das keinen Horizontalkreis besitzt, so kann zentrisch über oder unter dem Gerät ein Theodolit aufgestellt werden, mit dessen Hilfe der Laserstrahl in die entsprechende Richtung orientiert wird.

Eine weitere Methode der Richtungsorientierung von Lasergeräten wendet zwei runde Zielmarken (*1* und *2*) mit einer Öffnung im Zentrum an (Bild 5.10). Die beiden Zielmarken *1* und *2* werden zuvor auf der Absteckachse eingerichtet und dann das Laserfluchtungsgerät *3* so orientiert, daß der Strahl durch die Öffnungen der beiden Zielmarken geht. Die Einrichtungsgenauigkeit der Zielmarken ist von der Baugenauigkeit des Tunnelvortriebs abhängig. Wenn das Vortriebsschild mit einer aus der Toleranz abgeleiteten Standardabweichung σ_{Bau} auf die Projektachse orientiert werden muß, ist es notwendig, die Zielmarkenorientierung des Laserstrahls σ_{Mess} mit einer Genauigkeit $\sigma_{\text{Mess}} \leqq \sigma_{\text{Bau}}/3$ vorzunehmen. Wenn die beiden Zielmarken *1* und *2* mit einer Genauigkeit σ_A aufgestellt werden, erhält man die Laserangabe am Vortriebsschild mit der Genauigkeit σ_{Mess} folgendermaßen

$$\sigma_{\text{Mess}} = \sigma_A \sqrt{\frac{l_1^2 + l_2^2}{l^2}} \tag{5.5}$$

Mit den vorstehenden Beziehungen kann also in Abhängigkeit von der Baugenauigkeit σ_{Bau} die Absteckgenauigkeit mit

$$\sigma_A \leqq \frac{\sigma_{\text{Mess}} \cdot l}{\sqrt{l_1^2 + l_2^2}} = \frac{\sigma_{\text{Bau}} \cdot l}{3 \cdot \sqrt{l_1^2 + l_2^2}} \approx 0{,}24 \cdot \sigma_{\text{Bau}} \cdot \frac{l}{l_1} \tag{5.6}$$

abgeleitet werden.

Der Durchmesser der kreisförmigen Aussparungen im Zentrum der Zielmarken muß unter Berücksichtigung des Laserpunktdurchmessers vorher

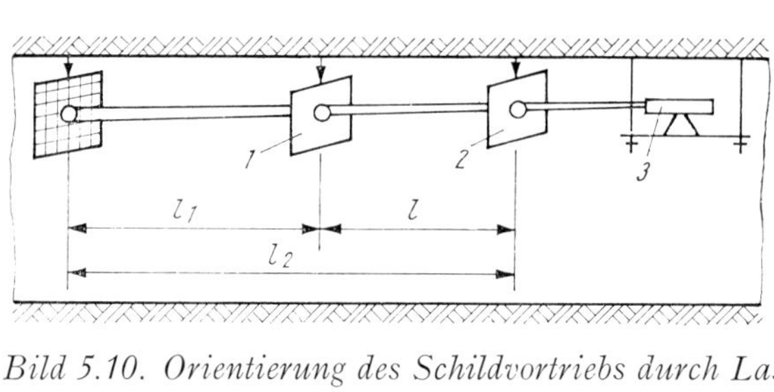

Bild 5.10. Orientierung des Schildvortriebs durch Laserfluchtung

bestimmt werden. Näherungsweise läßt sich der Laserstrahldurchmesser d_L' aus dem in der Gerätebeschreibung angegebenen Divergenzwinkel Θ und der Entfernung l der Zielmarke vom Lasergerät mit

$$d_L' = 2 \cdot l \cdot \tan \frac{\Theta}{2} \approx \frac{\Theta \cdot l}{\varrho} \tag{5.7}$$

berechnen, unter Berücksichtigung, daß es sich bei Θ um einen kleinen Winkel handelt.
Wird ein Laserkollimator benutzt, der den Divergenzwinkel des Laserstrahls verkleinert, muß logischerweise anstelle von Θ der Austrittswinkel Θ_T hinter dem optischen System benutzt werden. Bei Fernrohrsystemen verkleinert sich bekannterweise der Raumwinkel des ausgesandten Zielstrahls in dem Maße, wie sich der Durchmesser d_0 des optischen Systems vergrößert, d. h.

$$\Theta_T = \frac{\Theta}{d_0/d} = \frac{\Theta}{\Gamma} \tag{5.8}$$

mit d als Durchmesser des Laserstrahls beim Geräteaustritt und Γ als Vergrößerungsverhältnis des optischen Systems. Unter Berücksichtigung des Objektivdurchmessers d_0 erhalten wir den exakten Laserstrahldurchmesser d_L bei der Entfernung l mit

$$d_L = \frac{\Theta \cdot l}{\varrho \cdot \Gamma} \tag{5.9}$$

Bei der Konstruktion der Zielmarken sollten die Möglichkeiten berücksichtigt werden, welche entlang der Strahlachse und in der Querschnittsebene mechanische Veränderungen gestatten. Ist die Zielmarke mit ihrer Zentrumsöffnung auf den ausgesandten Laserstrahl orientiert, so läßt sie sich auch zur Kontrolle der Richtungsstabilität des Laserstrahls benutzen. Hierzu richtet man mit Hilfe des Lasertheodolits eine Kontrollzielmarke im Bereich zwischen Lasergerät und Vortriebsschild exakt in die Achse ein und beobachtet auf dieser Zieltafel während der Bauarbeiten die Unveränderlichkeit der Laserstrahllage.

5.3. Lasersteuerung des Vortriebs mit Hilfe der Zieltafeln

Wird die Ablesung der Laserstrahllage visuell vorgenommen, bringt man die Empfangseinrichtung in Form der beiden Zieltafeln am vorderen und hinteren Ende des Vortriebsschilds an. Dabei wird die Lage so gewählt, daß das Zentrum des Laserstrahls mit dem Zentrum der Zieltafel im Nullpunkt des aufgetragenen Koordinatengitters zusammenfällt und auftretende Abweichungen sofort abgelesen werden können. Läßt sich die Zentrallage des Laserpunkts auf der Zieltafel nicht realisieren, so müssen die Koordinaten des Laserpunkts entsprechend der Unterschiede in x- und y-Richtung reduziert und, bezogen auf diesen Punkt, die Steuerung und Kontrolle des Bauprozesses ausgeführt werden.

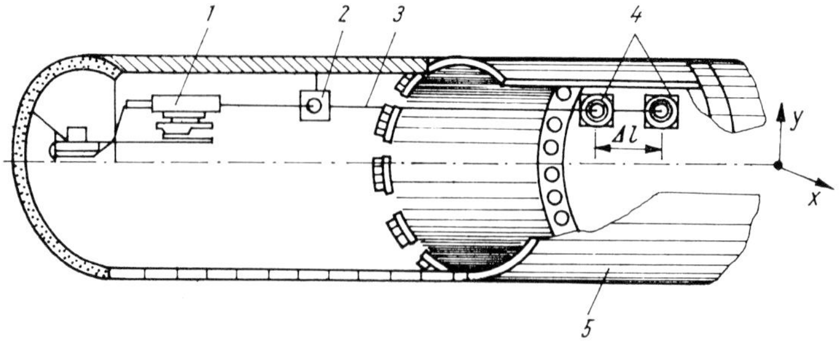

Bild 5.11. Anordnung des Laserkontrollsystems beim Schildvortrieb

Aus Bild 5.11 ist die Anordnung der Geräte beim Tunnelvortrieb mit visueller Steuerung ersichtlich. Der Laserstrahl *3* gelangt aus dem Lasergerät *1* über die Kontrollmarke *2* auf die beiden Zieltafeln *4*, die am Vortriebsschild befestigt sind. Zur Steuerung des Schilds auf der projektgerechten Trasse ist es notwendig, die Lage des Laserlichtpunkts auf beiden Zieltafeln in den vorausberechneten Punkten zu halten. Bei Abweichungen des Vortriebsschilds von der Soll-Richtung verlagern sich die Punktzentren des Laserstrahls auf den Zieltafeln.

Für die Kontrolle der Soll-Lage des Vortriebs auf der projektierten Linienführung bestimmt man die Koordinaten x_i, y_i des Laserpunkts und berechnet aus den Differenzen zu den Soll-Koordinaten y_0 und x_0 die Verbesserungen

$$v_x = x_0 - x_i \qquad v_y = y_0 - y_i \tag{5.10}$$

Bildet man die Differenzen zwischen den Ablesungen an der vorderen und hinteren Zieltafel x_v, y_v, x_h, y_h, so erhält man den Trend der Abweichungen in Vortriebsrichtung δ_x, δ_y in Grund- und Aufriß mit

$$\delta_x = x_v - x_h \qquad \delta_y = y_v - y_h \tag{5.11}$$

Die Längsneigung p des Vortriebsschilds läßt sich aus δ_y und dem Abstand der beiden Zieltafeln Δl mit

$$p = \frac{\delta_y}{\Delta l} \tag{5.12}$$

berechnen. Bei der Vorwärtsbewegung des Vortriebsschilds vollführt dieses durch die Wirkung des ungleichmäßigen Drucks der hydraulischen Pressen und der unterschiedlichen Festigkeit der Gesteinsmassen eine Drehbewegung um seine Längsachse, die eine Neigung in Höhenrichtung und eine Richtungsänderung im Grundriß hervorruft. Dadurch verändert sich die Lage der befestigten Zieltafeln, und es müssen bei der Bestimmung der Laserpunktlage Verbesserungen wegen der Drehbewegungen angebracht werden. Sind die Zieltafeln mit Libellen versehen und können sie auf

einem Bügel verschoben werden, wird der Einfluß der Drehbewegung durch das Einspielen der Libelle mittels Verschiebung der Zieltafel bei jeder beliebigen Neigung kompensiert.
Wenn die Zieltafeln starr am Vortriebsschild befestigt sind, drehen sie sich mit ihrem Koordinatensystem gemeinsam mit dem Schild. Um in diesem Falle Aussagen über die Abweichungen im Koordinatensystem x, y des Projektzustands aus den Ablesungen x', y' im um den Winkel φ gedrehten Beobachtungszustand machen zu können, ist folgende Koordinatentransformation auszuführen

$$\begin{aligned} x &= x' \cdot \cos\varphi - y' \cdot \sin\varphi \\ y &= x' \cdot \sin\varphi + y' \cdot \cos\varphi \end{aligned} \tag{5.13}$$

wobei die Identität der Achse des Vortriebsschilds mit der Zieltafelachse Voraussetzung ist. Deshalb muß die Lage des Koordinatennetzes auf der Zieltafel sehr sorgfältig in die Achse des Vortriebsschilds eingerichtet werden. Den Drehwinkel φ des Schilds bestimmt man mittels einer auf Libellenbasis arbeitenden Neigungsmeßeinrichtung mit Mikrometerschraube.
Bei Tunnelabschnitten im Bogen wird die Lage des Vortriebsschilds bezüglich der Gesamtsehne des Übergangsbogens bzw. einzelner Kreisbogensehnen orientiert. Für die Wahl der Sehnenlänge im Kreisbogenbereich legt man die sich aus dem Tunnelquerschnitt ergebende Maximalpfeilhöhe zugrunde. Kann aufgrund großer Radien die Pfeilhöhe kurzer Sehnen vernachlässigt werden, wird das Vortriebsschild auf das abgesteckte Sehnenpolygon orientiert. Bei kleinen Radien verringert sich die Sehnenlänge und vergrößert sich die Anzahl der Standpunkte für die Aufstellung des Lasergeräts. Beispielsweise beträgt bei einem Radius $R = 600$ m und einer vernachlässigbaren Pfeilhöhe $h = 0{,}05$ m nach Gl. (5.2) die Sehnenlänge $s_1 = 15{,}5$ m. Zur Verringerung der durch die Geräteumsetzung verursachten Ausfallzeiten bei Arbeiten im Bogen bedient man sich sehnenverlängernder Sekanten. Dabei sind aber für die Lagebestimmung des Vortriebsschilds bezüglich der Sehne bei den ermittelten Meßwerten Korrekturen zur Berücksichtigung der Pfeilhöhe des Kreisbogens gegenüber der Sehne anzubringen. Die Anwendung der EDV versetzt uns in die Lage, diese Korrekturen bereits während des Projektierungsprozesses im Meterabstand nach den Gln. (5.1) und (5.4) zu berechnen.
So betrug beispielsweise beim Bau eines Schnellverkehrswegtunnels in den USA der kleinste Radius $R = 150$ m, was die Umsetzung des Lasergeräts nach jeweils 21 m Baufortschrittes bedeutete, während bei entsprechenden größeren Radien die Sehnenlänge 60 ... 90 m betrug. Die Pfeilhöhenberechnung wurde auf der EDVA automatisiert in jeweils 1,5 m Punktabstand für die gesamte gekrümmte Tunneltrasse vorgenommen. Die berechneten Werte der Abweichungen in der Horizontalen und Vertikalen wurden als Kurven auf durchsichtige Folie aufgetragen, die mit der Zieltafel aus Plexiglas in einem Rahmen gemeinsam befestigt wurde.
Für die Steuerung des Schildvortriebs bei kurzen Sehnen kann man die Anzahl der Aufstellungen des Lasergeräts durch die Anwendung von Pris-

men, die aufeinanderfolgend in der vorgegebenen Bogenrichtung aufgestellt sind, verringern. Dabei wird ihr Aufstellungsort so gewählt, daß der Laserstrahl durch das optische Zentrum geht und der obere Prismenrand horizontal liegt. Die Schliffwinkel der Prismen und ihre Aufstellungsabstände wählt man entsprechend dem Krümmungsradius der Trasse so, daß die durch das Prismensystem gebildete gebrochene Laserlichtlinie der Krümmung des Trassenbogens ausreichend nahekommt.

5.4. Automatisierte Steuerungssysteme beim Schildvortrieb

Zur automatisierten Kontrolle des Schildvortriebs werden Systeme mit folgendem Prinzip benutzt. Am Schild sind Aufnahmeeinrichtungen mit Gebern angebracht, welche die Abweichung von der durch den Laserstrahl vorgegebenen Richtung aufnehmen und ihre Größe in Grundriß sowie Höhe an Registriergeräte weitergeben. Bei diesen Empfangseinrichtungen werden drei Grundtypen unterschieden.
Die erste Konstruktionslösung besteht aus einer matrixförmigen rechteckigen oder runden Fläche am Schild, auf der mosaikartig eine Vielzahl von Fotoelementen montiert ist. Bei der Verschiebung des Schilds gegenüber der durch den Laserstrahl gegebenen Projektlage wird ein bestimmtes Fotoelement belichtet, das ein elektronisch verstärktes Signal an eine Anzeigevorrichtung weitergibt und dort sichtbar macht. Nachteilig für diese Lösung ist die notwendige Vielzahl von Fotoelementen und Signalverstärkern, die bei hoher Genauigkeit entsprechend dicht angeordnet sein müssen. Beim Bau eines 300 m langen Transportwegtunnels in den USA wurde ein Theodolit mit aufmontiertem 1,5-mW-Laser benutzt. Der ausgesandte Strahl fiel auf eine Empfangseinrichtung, bei der auf einer Fläche von 0,14 m^2 200 Fotozellen angebracht waren. Vor dem Beginn der Vortriebsarbeiten wurde die Empfangseinrichtung so orientiert, daß der Laserstrahl in ihrem Zentrum auftraf. Bei auftretenden Abweichungen des Vortriebsschilds während des Bauprozesses von der projektierten Richtung wurden Größe und Richtung der Abweichungen auf eine Anzeigevorrichtung beim Maschinisten übertragen, der durch entsprechende Maßnahmen das Schild wieder in die Soll-Lage orientierte.
Die zweite Art der Steuerung wird bei Kontrollen in großen Querschnittsflächen angewandt. Hier bildet die Empfangseinrichtung am Schild einen Stab, auf dem die Fotoelemente montiert sind. Dieser Stab wird während des Bauprozesses mittels Motor in Drehung und damit die Fotoelemente in kreisförmige Bewegung um das Zentrum versetzt. Weicht die Schildlage von der angegebenen Laserrichtung ab, so fällt der Laserstrahl stets auf ein bestimmtes Fotoelement, und die Anzeigevorrichtung zeigt Größe und Winkellage der Abweichung bezogen auf das Zentrum an. So läßt sich die Abweichung in Polarkoordinaten bestimmen. Nachteilig wirkt sich für die Bauausführung die hinderliche Größe des rotierenden Stabs aus. Eine derartige Aufnehmervorrichtung wurde für ein Steuerungssystem entwickelt, wobei Fotowiderstände des Typs FS-KJ verwendet wurden, deren Wellen-

länge von 0,6328 µm 75% der maximalen Spektralempfindlichkeit ausnutzen läßt. Die Genauigkeit der Lagebestimmung des Laserstrahls hängt von den Abmessungen der Fotoelemente und ihrem gegenseitigen Abstand ab, der im beschriebenen System 10 mm zwischen den Mittelpunkten der Fotoelemente betrug. Die polaren Koordinaten der Verschiebungslage wurden mit einem Lineal von 210 mm Länge, auf dem 21 Fotoelemente befestigt waren, auf einer kreisförmigen Fläche bestimmt. Das System ist beim Bau eines Flußkollektors erfolgreich eingesetzt worden. Das Lasergerät mit der Stromquelle wurde im Tunnelgewölbe auf einer Spezialkonsole aufgestellt und die Empfangseinrichtung auf dem Vortriebsschild mit einem Durchmesser von 4 m montiert, wo sich auch die Anzeigevorrichtung befand. Zusätzlich zur Lasersteuerung wurde eine geodätische Kontrollmessung der Lage des Vortriebsschilds ausgeführt, die maximale Abweichungen von $\delta = \pm 4$ mm in Grundriß und Höhe ermittelte.
Die dritte Konstruktionslösung stellt eine Entwicklung des Polytechnischen Instituts in Nowotscherkassk dar. Hier wird als Aufnehmer eine Platte mit zwei bzw. vier Fotoelementen benutzt. Zur Messung der Abweichung in einer Koordinatenrichtung werden zwei Fotoelemente *3* benutzt, deren Abstand dem Durchmesser des Laserlichtpunkts *4* entspricht (Bild 5.12). Diese Einrichtung ist auf dem Schlitten *6* befestigt, der über die Schraube *5* von der Zentrumslage aus nach beiden Seiten durch den Elektromotor *1* bewegt werden kann. Der Schlitten ist mit dem Geber *7* starr verbunden, dessen Signale in *2* elektronisch verstärkt an den Elektromotor weitergegeben werden. Das Meßsystem ist am Vortriebsschild befestigt, und bei der Verschiebung aus der durch den Laserstrahl vorgegebenen Soll-Richtung fällt das Laserlicht auf eine der beiden Fotozellen. Das ausgelöste Signal bringt über den Motor den Schlitten in Bewegung. Mit der Lageveränderung wird die Abweichung der Schildachse gegenüber ihrer projektierten Lage bestimmt und auf einem Bildschirm kenntlich gemacht. Zur Lagekontrolle in der zweiten Koordinatenrichtung wird ein analoges zweites Meßsystem angewandt, welches um 90° gedreht ebenfalls am Vortriebsschild befestigt ist. Auf diese Art ermöglichen insgesamt 4 Fotoelemente die Bestimmung des Koordinatenpaars der Schildachse. Da die Entfernung der Fotoelemente gleich dem Strahldurchmesser ist, kann der Laserstrahl ungehindert durch die Öffnung zwischen ihnen hindurchtreten und in einem weiteren Profil mit einer gleichartigen Empfangseinrichtung registriert werden. Damit läßt

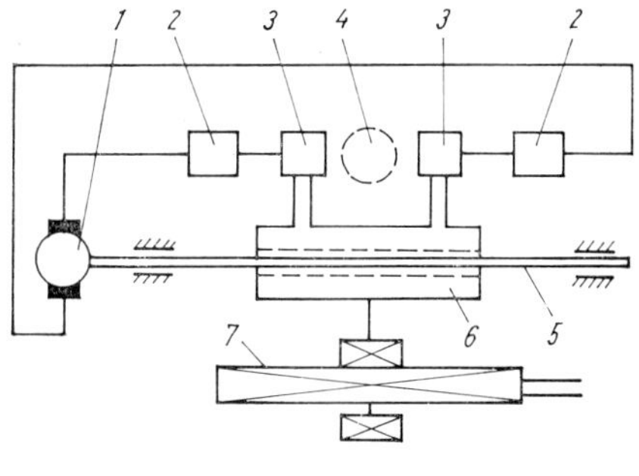

Bild 5.12. Automatische Orientierung des Vortriebsschilds (schematische Darstellung)

sich die Verkantung in der Vortriebsrichtung bestimmen und eliminieren. Bei großer Entfernung zwischen Empfangseinrichtung und Lasergerät muß die Empfangseinrichtung auf den nunmehr vergrößerten Laserstrahldurchmesser einstellbar sein.
Um die Drehung des Schilds um seine Längsachse untersuchen zu können, werden zwei Methoden angewandt. Im ersten Falle wird das beschriebene Koordinatenmeßsystem an einer Stelle angeordnet, wo es sich mit Hilfe seines Antriebsmechanismus kreisförmig bewegt und aufgrund des Neigungswinkels gesteuert wird. Bei Drehung des Schilds um seine Längsachse verändert das System seine Lage so, daß es sich stets in der Ausgangsposition in Beziehung auf das feste Koordinatensystem befindet. Die dabei gemessene Weglänge auf dem Bogen zeigt den Drehwinkel der Maschine an. Beim zweiten System wird das Signal vom Geber des Drehwinkels nicht nur zur Anzeigevorrichtung abgegeben, sondern auch durch eine EDVA weiterverarbeitet, die die Einflußgröße des Drehwinkels der Maschine bei den Messungsergebnissen berücksichtigt. Ein in der UdSSR entwickeltes Steuerungssystem für Vortriebsschilde mittels Laserstrahls besteht aus dem Lasergerät als Richtungsgeber, einer aus 2 Koordinatenmeßsystemen mit je 4 Fotodioden bestehenden Empfangseinrichtung und einer Zieltafel für die visuelle Kontrolle der Richtung des Schildvortriebs bezüglich der projektierten Achse. Die erreichte Genauigkeit wurde durch geodätische Nachmessungen untersucht, wobei die Standardabweichung der Schildlage, aus Doppelmessungen berechnet, im Grundriß $s_L = 7{,}7$ mm und in der Höhe $s_H = 8{,}6$ mm betrug.

5.5. Anwendung der Lasertechnik bei Baukontroll-, Orientierungs- und Übertragungsmessungen im Tunnel

Die Lasertechnik findet im Tunnelbau nicht nur bei der Steuerung des Vortriebsschilds in der projektierten Richtung ihre Anwendung, sondern dient auch zur Lagekontrolle der Tunnelröhre. Dabei werden die Abweichungen des ringförmigen Tunnelmantels im Grundriß durch die Messung des horizontalen Durchmessers und den Bezug auf die Flucht einer Hilfsachse in Nähe des Tunnelmantels bestimmt. Dieses weitverbreitete Verfahren nutzt die Richtungsangabe mittels Laserfluchtungsgeräts, das auf einem Polygonpunkt in Höhe des horizontalen Durchmessers aufgestellt wird und dessen Laserstrahl parallel zur projektierten Tunnelachse orientiert ist. Die Abweichungen des Tunnelmantels werden bezogen auf die Hilfsachse, die in einem Minimalabstand von der Tunnelwand verläuft, durch Abstandsmessung zwischen der gegebenen Laserrichtung und der Wandverkleidung mittels eines entsprechenden Maßstabslineals in der gleichen Höhe ermittelt, in der auch die Durchmesserbestimmung der Tunnelröhre erfolgte.
Aus der Messung bestimmt man die Abweichungen δ_l, δ_r der Tunnelwände gemäß Bild 5.13 aus dem Abstand b zwischen Projekt- und Hilfsachse, dem Durchrichtungsmaß a und der Durchmesserbestimmung d auf der

linken bzw. rechten Seite mit

$$\delta_l = \frac{d}{2} - (a + b) \qquad \delta_r = (a + b) - \frac{d}{2} \tag{5.14}$$

Bei der Kontrollmessung im Übergangsbogenbereich wird der Tunnelmantel auf einen Laserstrahl aufgemessen, der eine Sehne innerhalb des Bogens bildet. Im Kreisbogenbereich wird der Laserstrahl so orientiert, daß er tangential oder als Sehne zum Bogen verläuft. Bei den Messungen im Bogenbereich ist der ermittelte Abstand zum Tunnelmantel unbedingt entsprechend den sich aus der Bogengeometrie ergebenden Abweichungen zu verbessern.
Die Kontrolle der Höhenlage von Tunnelröhren erfolgt durch Nivellieren der Wölbung. Hierzu kann zweckmäßigerweise ein Lasernivellier eingesetzt werden, bei dem mittels Zylinderlinse der Strahl in eine Horizontalebene aufgefächert wurde. Genauigkeitsuntersuchungen haben gezeigt, daß die Bestimmung der Lage des Tunnelmantels, bezogen auf den orientierten Laserstrahl, auf ± 5 mm genau erfolgte.
Bei der praktischen Durchführung der Kontrollmessung für die Lage und Höhe des Tunnelmantels sowie der Formtreue seines Profils werden zweckmäßigerweise zwei Loren verwandt. Auf der einen Lore wird das Lasergerät mittels eines entsprechenden Rahmens montiert, der eine Verschiebung des Geräts in Seiten- und Höhenrichtung bei der Einrichtung in die projektierte Tunnelachse gestattet. Im Abstand von etwa 60 m stellt man die Zieltafel auf, richtet den Laserstrahl auf deren Zentrum ein und erhält so die Projektion der Hilfsachse im Raum. Auf der zweiten Lore wird eine Vorrichtung für die Abstandsmessung der Tunnelwandung und die Entfernungsbestimmung zum Lasergerät angebracht. Diese besteht aus einer kreisförmigen Tafel von 0,9 m Durchmesser, die in Abschnitte von jeweils 5° unterteilt ist. Sie ist mit Halterungen befestigt, gestattet die Ausführung horizontaler sowie vertikaler Bewegungen und dient zur Abstandsmessung bis zur Tunnelverkleidung. Dabei ist der Laserstrahl auf die Zieltafel orientiert, und bezogen auf das Zentrum der Tafel werden mittels einer Teleskopstange die Abstände zur Tunnelverkleidung als Radien sowie die Winkel der Meßrichtung an der Tafelteilung bestimmt. So erhält

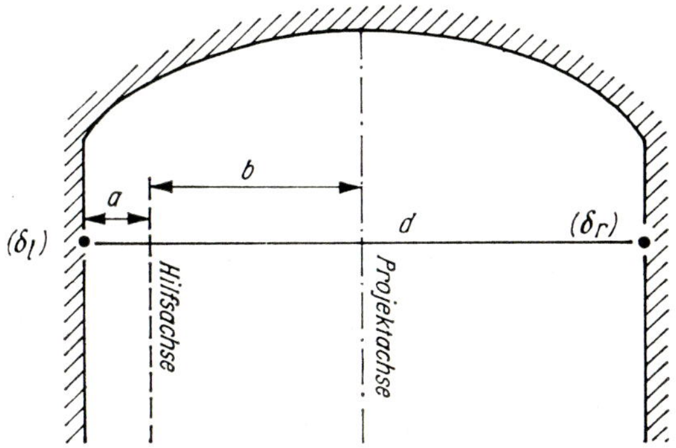

Bild 5.13. Bestimmung der Abweichungen der Tunnelachse

man unmittelbar die polaren Bestimmungsmaße für den Tunnelquerschnitt im jeweiligen Profil.

Die geodätischen Lasergeräte verwendet man ebenfalls für die markscheiderische Orientierung der Vortriebsrichtung auf die im Bauwerkssystem der oberirdisch polygonometrisch bestimmten Koordinaten. Beim Vorhandensein übertägiger Stollenausgänge läßt sich die Richtungsübertragung auf den untertägigen Horizont mittels Winkel- und Streckenmessung polygonometrisch ausführen. Sind anstelle der Stollenausgänge vertikale Schächte vorhanden, kann die Richtungsübertragung nur über letztere erfolgen und zerfällt in zwei Aufgaben:

a) Lotung der Punkte vom übertägigen Horizont auf die untertägige Arbeitsfläche
b) Koordinatenanschluß an das übertägige System und Weiterführung des Polygonzuges unter Tage.

Die Projektion der beiden Punkte erfolgt normalerweise mit den Methoden der Schachtlotung. Hierfür lassen sich aber auch zweckmäßig Laserlotgeräte [11] verwenden, die die vertikalen Lotlinien sichtbar erzeugen. In der Tunnelbaupraxis wird der Tunneldurchschlag auf den ersten 50 Metern auf die Flucht zweier Lotungen orientiert. Bei der weiteren Steuerung des Vortriebs wendet man das Prinzip einer Dreieckskette an, die auf dem Gelände über dem Bauwerk liegt. Zur Richtungsorientierung auf der Erdoberfläche mittels Theodolit *3* fluchtet man die Zentren zweier Durchlichtzieltafeln *1* in die vorgegebene Richtung ein. Über diesen Zieltafeln wird ein Laserlotgerät *2* zentriert und sein Strahl durch Vertikalprojektion auf die Tunnelsohle orientiert, wo die beiden Projektionszentren durch Körnerschlag auf den beiden Platten *A* und *B* markiert werden (Bild 5.14). Auf einem dieser beiden Punkte (*A*) wird der Theodolit aufgestellt und auf den anderen Punkt (*B*) orientiert.

Die Koordinatenübertragung vom übertägigen Punkt auf den Punkt im Bereich der Tunnelsohle erfolgt folgendermaßen:

a) Auf der Erdoberfläche werden die Zentren der Zieltafeln mit einem beliebigen Verfahren, welches sich den örtlichen Gegebenheiten am besten anpaßt, lagemäßig bestimmt.
b) Untertägig mißt man die Entfernungen von den beiden abgeloteten Zentren zu den nachfolgenden Polygonpunkten.

In der Perspektive gewinnt die Anwendung von Laserlotgeräten zur Übertragung der Koordinaten des Ausgangspunkts in Verbindung mit der Verwendung eines Kreiseltheodolits für die weitere Richtungsübertragung eine große Bedeutung. Nach Bild 5.15 wird die Messung folgendermaßen durchgeführt:

Das Laserlotgerät *1* wird über dem Schacht so aufgestellt, daß der vertikale Laserstrahl *3* auf das Zentrum der Durchlichtzieltafel *2* orientiert ist, dessen Koordinaten bezogen auf das übertägige Lagenetz bestimmt sind. Der durch die Schachtröhre verlaufende lotrechte Laserstrahl projiziert sein Zentrum auf einen Festpunkt auf dem Schachtboden, welches demzufolge die gleichen

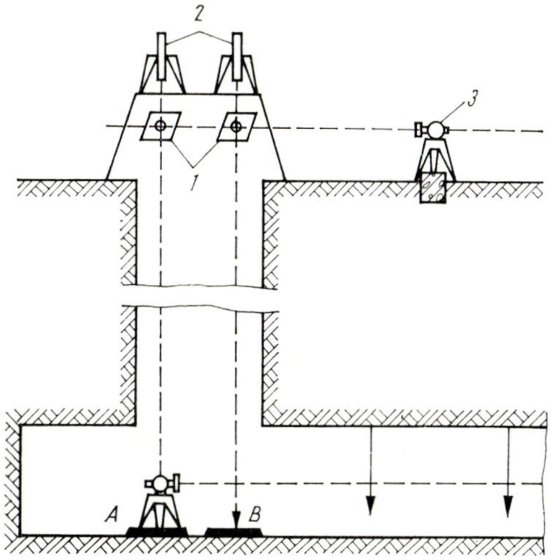

Bild 5.14.
Orientierung der Tunnelachse auf zwei Punkte der Schachtlotung

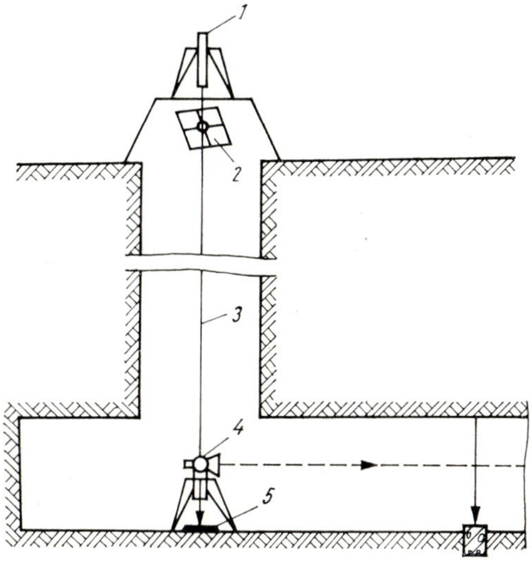

Bild 5.15.
Koordinatenübertragung für die Tunnelachse mittels Laserlots und Kreiseltheodolits

Koordinaten wie die Zieltafel auf der Erdoberfläche besitzt. Dieser Punkt bildet den Ausgangspunkt für den untertägigen Polygonzug, dessen Seitenrichtung mit einem Kreiseltheodolit *4* bestimmt wird, der über dem Punkt *5* zentriert wurde.

Die Höhenübertragung durch die vertikale Schachtröhre auf den untertägigen Horizont erfolgt mittels zweier Lasernivelliere, Stahlbandmaß und zweier Nivellierlatten durch entsprechende Ablesungen so, wie es auch im Hochbau mit optischen Geräten üblich ist. Der Unterschied besteht darin, daß die Ablesung nicht im Strichkreuz des Fernrohrs erfolgt, sondern sich der Laserlichtpunkt auf der Skale der Meßgeräte abbildet. Dies hat besonders bei den im Tunnel vorherrschenden schlechten Beleuchtungsverhält-

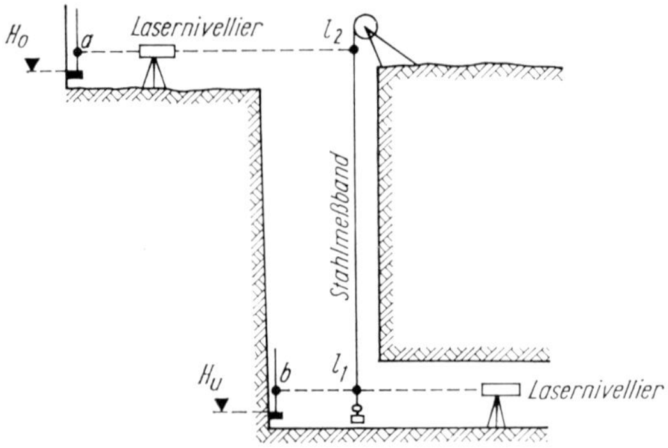

Bild 5.16. Höhenübertragung auf Schachtsohlen

nissen große Bedeutung. Aus den in Bild 5.16 ersichtlichen Lattenablesungen a (oberirdisch) und b (unterirdisch), den beiden Ablesungen l_1 und l_2 am vertikal aufgehängten Stahlmeßband, der Eichkorrektur v_e, der Temperaturkorrektur v_t, der Zugkraftkorrektur v_p infolge des Einflusses der Eigenmasse des Meßbands und seiner angehängten Massenstücke sowie der Festpunkthöhe H_o an der Erdoberfläche erhält man die Höhe H_u auf der Schachtsohle nach folgender Formel:

$$H_u = H_o + a - b - [(l_2 - l_1) + v_e + v_t + v_p] \tag{5.15}$$

Laserlotgeräte können auch bei der Profilmessung in der Schachtröhre, bei der Kontrollmessung und Vorgabe des Schachtaushubs sowie bei anderen Markscheidearbeiten Anwendung finden.

5.6. Absteckungsarbeiten bei der Vorfertigung von Segmenten für Unterwassertunnel

Die Errichtung von Unterwassertunneln [58] aus Segmenten, die in Trockendocks am Ufer vorgefertigt sowie anschließend eingeschwommen und auf den Gewässergrund abgesenkt wurden, stellt international eine progressive Bautechnologie dar. Die einzelnen Segmente bestehen meist aus Stahlbetonkonstruktionen mit maximalen Konstruktionsmaßen von 100 m Länge, 48 m Breite, 8 ... 10 m Höhe sowie einer Masse von 10000 bis zu 40000 t.

Bei der Vorfertigung der Segmente auf dem Trockendock sind folgende geodätische Messungen auszuführen:

- Angaben für die Planierung des Untergrunds
- Abstecken der Haupt- und Segmentachsen
- Kontrolle der Schalungsaufstellung
- Sicherung der Montagegenauigkeit der Stirnrahmen
- Kontrolle der Lage der Greifer.

Das Trockendocksystem wird auf einer isolierten Kiesschicht von 0,15 ... 0,5 m Stärke gegründet, die die Möglichkeit des Wasserhubs bei gefüllter Schleuse gewährleistet. Die Planierungsgenauigkeit von ± 15 bis 20 mm kann man normalerweise durch geometrisches Nivellement auf einem abgesteckten Flächenrost sichern. Zweckmäßig setzt man aber für diese Arbeiten einen Rotationslaser ein, der über der zu planierenden Fläche im Raum eine Horizontalebene aufspannt, die mittels direkter Ablesungen an einer Nivellierlatte die Höhensteuerung für die Planierung möglich macht.

Die Absteckung der Segmentachsen bezieht man auf eine örtlich festgelegte Hauptachse, die die geometrische Symmetrieachse des Segments bzw. bei gekrümmten Baukörpern eine Sehne darstellt. Man verwendet hierzu das Orthogonalverfahren. Die Wandschalung, die das Segment isoliert, besteht aus einer Schweißkonstruktion und wird bei der Vorfertigung in 8 m großen Abschnitten eingebracht. Die Hauptachse läßt sich zweckmäßigerweise durch einen orientierten Laserstrahl vorgeben, von dem aus die Wände und Stirnflächen der Sektionen eingerichtet werden. Von einem in die Vertikalebene aufgefächerten Laserstrahl aus kann mittels Abstandsmessung zur Schalung bzw. zum Betonkörper die Genauigkeit der Geradlinigkeit bzw. Ebenheit kontrolliert werden.

Die Zielzeichenträger bestehen aus Hohlmastprofilen von 1 ... 1,5 m Durchmesser mit innenliegender Steigleiter und werden auf den Segmenten an Deckenlukenöffnungen vor dem Einschwimmen montiert. Die Masthöhe hängt von der Tauchtiefe ab und kann 15 ... 20 m erreichen. Eine äußere Versteifungskonstruktion verleiht dem Mast die notwendige Standfestigkeit und dient zur Aufnahme einer Standfläche an der Mastspitze für Personen bzw. die Aufstellung geodätischer Instrumente.

Häufig werden Tunnelsegmente in Bauabschnitten mit vorgegebener Neigung eingebaut, und die Zielzeichen auf dem Segment müssen eine lotrechte Stellung einnehmen. Hierbei ist es notwendig, den projektierten Winkel der Längsneigung des Tunnels bei der Montage des Zielzeichens zu berücksichtigen. Dabei muß die Symmetrieachse des Mastprofils im Raum vorgegeben werden, wofür man (wie aus Bild 5.17 ersichtlich) ein Lasergerät *3* innerhalb des Segments aufstellt. Die Achse des Laserstrahls *2* wird auf den Punkt B des Zentrums der Austrittsöffnung *1* und dem Punkt A als Schnittpunkt zwischen Zielzeichenachse und Segmentboden orientiert. Bei horizontaler Stellung des Segments wird durch Ablotung von B auf den Segmentboden der Punkt C erhalten und von diesem aus das Maß l zum Punkt A abgesetzt, welches sich aus der Segmenthöhe h

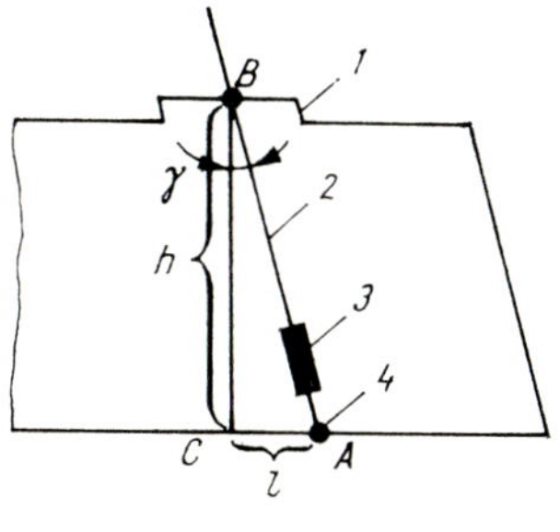

Bild 5.17.
Festlegung geneigter Mastachsen mittels Laserstrahls

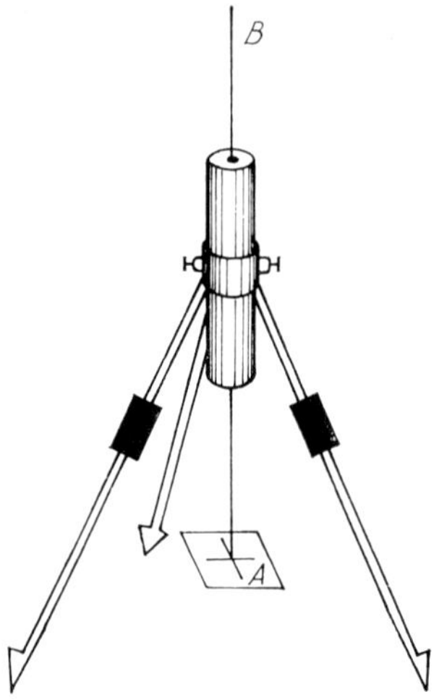

Bild 5.18. Aufstellung eines Laserlots für die Angabe geneigter Achsen

und dem Neigungswinkel γ der Stirnflächen mit

$$l = h \cdot \tan \gamma \qquad (5.16)$$

ergibt. Um das Lasergerät in eine geneigte Stellung zu bringen, kann eine Aufstellvorrichtung konstruiert werden, wie sie aus Bild 5.18 ersichtlich ist. Dabei wird das Strahlrohr in eine zylindrische Fassung eingebaut, an der drei Gelenkstücke mit Teleskophalterung dem Strahlrohr die notwendige Neigung verleihen. Das Gerät wird über dem Punkt A in Schräglage zentriert, so daß die Achse des Strahlenbündels auch durch Punkt B geht und damit die räumliche Lage der Zielzeichenachse nach oben festgelegt. Darauf bezogen kann die Montage des Mastprofils erfolgen.

5.7. Ausrichten der Grundbagger beim Grabenaushub für Unterwassertunnel

Der für die Tunnelmontage erforderliche Unterwassergraben wird mit Hilfe von Saug- oder Schöpfbaggern ausgehoben, wobei sich der Bagger entweder längs oder quer zur Grabenrichtung bewegt.

Bei Arbeitsrichtung des Baggers als Längsbewegung ist die geradlinige Steuerung entlang der Bauwerksachse bzw. tangentiale Richtung bei Bogenabschnitten von großer Bedeutung. Zur Vorgabe dieser Richtung benutzt man zweckmäßigerweise den Lasertheodolit. Da in Längsrichtung mehrere parallele Rinnen ausgebaggert werden müssen, wird zunächst an beiden Ufern eine Basis abgesteckt, auf der die Schnittpunkte der einzelnen Rinnenachsen mit der Basislinie festgelegt werden. Über dem jeweiligen Schnittpunkt wird dann der Lasertheodolit aufgestellt und der vorausberechnete Winkel zwischen Basis- und Bauwerksachse, bezogen auf den Basisendpunkt, in Bauwerksrichtung abgesetzt. Während des Baggerbetriebs wird die Lagebeziehung zwischen Bagger und Laserstrahl über-

wacht. Die Methode ist beim Verlegen einer Rohrleitung durch eine Meeresbucht in den USA erfolgreich angewandt worden. Dabei erfolgte die Lagebestimmung des Baggers auf der Bauwerksachse durch Winkelmessung zwischen der Laserfluchtlinie und der Richtung auf den Basisendpunkt mit Hilfe eines Sextanten.
Wenn der Gewässergrund mit einem Bagger ausgehoben wird, der in Bauwerksquerrichtung arbeitet, müssen die beiden Böschungskanten des Einschnitts mit Hilfe zweier Laserstrahlen abgegrenzt werden. Beim Bau eines Tunnels in den USA wurde diese Bautechnologie angewandt, wobei die beiden Grabenkanten und die Bauwerksachse durch drei Laserfluchten vorgegeben wurden. Die Lagebestimmung des Baggers erfolgte unter Benutzung von Durchlichtzieltafeln mit einer Genauigkeit von $\pm 0{,}03$ m. Zur Kontrolle der Stabilität der abgesteckten Laserflucht wurde auf dem anderen Ufer ein Tripelprisma aufgestellt, das den Strahl in die Einfallsrichtung reflektierte. Bei Lageveränderungen des Lasertheodolits ist das durch das Prisma reflektierte Licht nicht mehr sichtbar, und die Geräteeinstellung muß überprüft bzw. berichtigt werden.

5.8. Einrichten von Unterwassertunnelsegmenten in die Projektlage

Das Prinzip der Laseranwendung beim Einrichten der Segmente in ihre Projektlage besteht in der Achsangabe des späteren Baukörpers. Bei Verwendung von Lasergeräten lassen sich operative Entscheidungen für die Steuerung der Orientierungshilfsmittel der Segmente erleichtern und durch die ständige anschauliche Richtungsangabe die Zuverlässigkeit der Orientierung erhöhen.
Aus Bild 5.19 ist ersichtlich, wie der Lasertheodolit *3* auf dem geodätisch abgesteckten Punkt *4* aufgestellt ist und mit seinem Strahl die Übertragungsachse *2* im Raum fixiert. Dabei wird der vertikal aufgefächerte Laserstrahl auf eine Zieltafel oder einen Reflektor orientiert, der am gegenüberliegenden Ufer ebenfalls über einen abgesteckten Punkt steht. Beim Ausrichten des Segments *1* auf die Übertragungsachse orientiert man sich am Tage mit Durchlichtzieltafeln auf den Laserstrahl, während man nachts die Lage der Laserspur direkt auf der Segmentkonstruktion beobachtet. Bei der Schwimmbewegung des Segments entlang der Bauwerksflucht kann man sich so ständig in den ausgesandten Laserstrahl einfluchten.
Die endgültige Einrichtung des Segments zur Erreichung des Montageanschlusses an die Stirnfläche des bereits montierten Elements und die Einhaltung der vorgegebenen Richtung erfolgt über die Zielzeichen an den Hohlmasten auf dem Segment. Hierzu ist es notwendig, die Koordinaten und Höhe des Zielzeichens am vorher montierten Segment zu ermitteln, was durch bekannte geodätische Verfahren über das Tunnelinnere einschließlich Übertragung auf die Mastspitze erfolgt.
Die operative Entscheidungsfindung bei der Steuerung des Tunnelsegments in seine projektierte Einbaulage verlangt ein Meßsystem, das schnell aus-

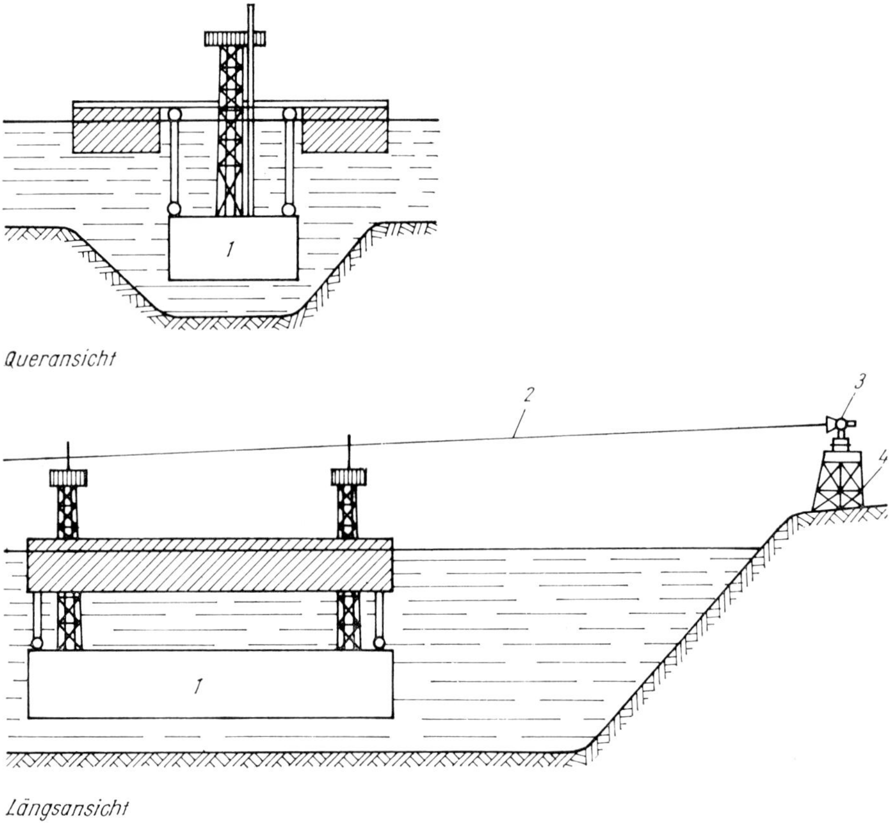

Bild 5.19. Einrichtung von Unterwassertunnelsektionen in die Projektlage

reichende Informationen über Korrekturwerte in anschaulicher Form an die Steuerzentrale liefert, wo operativ mechanische Regulierungsmaßnahmen (z. B. mittels Seilzugwinden) ausgelöst werden müssen. Die Aufstellung von Lasergeräten auf den Mastpodesten entspricht dieser Forderung, weil dadurch optisch sichtbare Bezugsachsen bzw. -ebenen erzeugt werden können. Sie werden durch Fernsehübertragung auf einem Monitor in der Steuerzentrale sichtbar gemacht und bringen Informationen über die Annäherung des einzubauenden Segments an seine projektierte Lage.
Auf dem Beobachtungspodest wird ein Lasertheodolit mit Zylinderlinsenvorsatz aufgestellt, der das Strahlenbündel in eine Vertikalebene auffächert. Zusätzlich ist dort noch ein Lasernivellier mit Zylinderlinsenvorsatz und Strahlauffächerung in eine horizontale Laserebene vorhanden. Dabei muß die Horizonthöhe des Lasernivelliers durch entsprechende Höhenübertragung auf die durch das Zielzeichen signalisierte Tunnelhöhe abgestimmt sein. Die vom Lasertheodolit erzeugte Vertikalebene geht durch die Bauwerks- oder eine zu ihr parallele Hilfsachse, auf die das zu montierende Segment eingefluchtet werden muß. Das auf einer Konsole

zwangszentriert aufgestellte Instrument wird unter Zuhilfenahme eines Baulagenetzpunkts am Ufer auf die Bauwerksachse orientiert.
Auf dem Hohlmastprofil des zu montierenden Segments wird eine gitterförmige Zieltafel *3* angebracht (Bild 5.20), die vertikale Streifen besitzt, mit deren Hilfe sich die Lagebeziehung zur vertikalen Laserebene angeben läßt. Die Lichtspur dieser Laserebene auf der Zieltafel muß bei richtiger Einbaulage des Segments genau mit der Streifenteilung übereinstimmen, so daß sich durch den Abstand zwischen Laserspur und Tafelteilung die Größe der Abweichung zwischen Segment- und Bauwerksachse bestimmen läßt. Aus dem Winkel zwischen Lichtspur und Streifenteilung können Rückschlüsse auf die Schräglage des Segments gezogen werden.
Ein Teil der Laserstrahlung geht durch das Gitter hindurch und bildet eine Lichtspur auf der Zieltafel des hinteren Gittermasts. Dadurch kann die Lagebestimmung der hinteren Stirnfläche des Einbausegments verfolgt werden und damit die Orientierung des Segments in Längsrichtung erfolgen. Zur Erhöhung der Leuchtstärke der Laserspur an der hinteren Zielmarke empfiehlt es sich, dort statt der gitternetzförmigen eine durchgehende Fläche vorzusehen und diese vor direkter Sonneneinstrahlung zu schützen.
Wenn es notwendig ist, die Abweichung des Segments von der Bauwerksachse größenmäßig zu bestimmen, was besonders beim Anfügen an bereits montierte Segmente von Bedeutung ist, werden die Werte an einer horizontalen Latte *2* (Bild 5.20) am Zielzeichen des Segments gemessen. Der Nullpunkt dieser Lattenteilung sollte zweckmäßigerweise in der Achse liegen und durch unterschiedliche Farbgebung nach beiden Seiten die Vorzeichenorientierung der Abweichungen erfolgen.
Die vertikalen Latten *1* werden so befestigt, daß die Laserspur auf beiden die gleiche Höhe anzeigt. Aus einer Höhenmessung wird die Soll-Ablesung an den Latten zur Realisierung der Projekthöhe ermittelt. Die horizontale Lichtspur des Lasernivelliers bildet sich auf beiden Latten ab und gestattet Aussagen über die Höhenlage und Längsneigung des eingetauchten Segments bei seiner Montage. Sind die beiden Ablesungen gleich, so besitzt das einzubauende Segment keine Längsneigung mehr, und der Zielzeichenmast steht lotrecht.

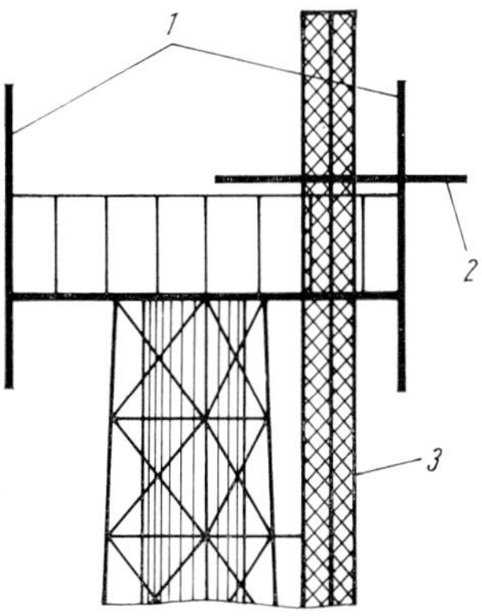

Bild 5.20. Laserzieleinrichtung an der Mastspitze

Die Entfernung zwischen den Sektionen in Längsrichtung kann man nicht mit Lasergeräten messen. Zweckmäßigerweise verwendet man für die Groborientierung die optische Entfernungsmessung mittels Distanzstrichen und bei der Messung zwischen den Stirnflächen unter Wasser das Echolot mit horizontaler Ausbreitungsrichtung.
Die beschriebenen Meßvorgänge auf der Wasseroberfläche würden sich als Unterwassermessungen günstiger gestalten, da diese frei von Einflüssen der Segmentneigung sind. Die visuelle Beobachtung der Stirnseiten der Segmente bei ihrer Annäherung ist jedoch wegen der schlechten Sichtverhältnisse unter Wasser besonders in Horizontalrichtung sehr schlecht möglich. Die optische Reichweite bei Unterwassermessungen kann man durch Verwendung des Lasers erhöhen, weil der Laserstrahl gut ausrichtbar ist, eine hohe Kohärenz besitzt und viel Strahlungsenergie abgibt. Hierfür eignen sich am besten Argonlaser mit einer Strahlungswellenlänge von 0,49 ... 0,51 μm, die aber den Nachteil großer Ausmaße des Lasergenerators aufweisen, was für geodätische Bedingungen beim Tunnelbau ungünstig ist. Am Leningrader Eisenbahn-Ingenieur-Institut, Lehrstuhl für Geodäsie, wurde von den Verfassern die Möglichkeit der Nutzung des Helium-Neon-Laser LG 56 mit einer Wellenlänge von 0,63 μm untersucht. Die Strahlung dieses Spektralbereichs wurde zwar stark vom Wasser absorbiert, jedoch zeigte es sich, daß der Laserpunkt auf einer Durchlichtzieltafel beim Durchgang durch eine 3-m-Schicht trüben Flußwassers noch sicher geortet werden konnte.
Die praktische Realisierung der vorstehenden Methode erfordert das Anbringen von Bullaugen in den metallischen Zwischenwänden. In dem Segment, in dem das Lasergerät aufgestellt ist, kann eine 5 ... 10 cm große Öffnung als ausreichend angesehen werden. Bei dem Segment mit dem Beobachter muß das Bullauge entsprechend größer sein, was sich aus der Konstruktionslösung des Fugenverschlusses und der Aufnehmer bei der Zwangszentrierung der Stirnflächen ergibt.
Das Lasergerät wird in Höhe des Bullauges auf der Bauwerksachse aufgestellt und der Laserstrahl in Achsrichtung orientiert. Das Bullauge des zu montierenden Segments ist als Zieltafel mit aufgetragenem Netzgitter ausgebildet, an dem der Laserpunkt und damit die Abweichung von der projektierten Soll-Lage ermittelt werden kann. Beim Zusammenfügen der Segmente beobachtet man die Lage des Laserpunkts auf der Zieltafel visuell und gibt über Telefon Informationen an die Steuerungszentrale bezüglich Größe und Richtung der ermittelten Abweichungen. Es ist auch möglich, die Abbildung der Zieltafel mit dem Laserpunkt mittels Fernseheinrichtungen zu übertragen. Zur Richtungssteuerung und Erhöhung der Zuverlässigkeit der Messungen kann man auch zwei Laserfluchten unter Wasser verwenden, die 8 ... 10 m voneinander entfernt sind. Hierfür ist es notwendig, in den Stirnwänden der Segmente zwei Bullaugen vorzusehen. Beim Bau des Unterwassertunnels an der Elbe bei Hamburg wurde eine ähnliche Meßtechnologie für die Montage der Segmente angewandt. Hierbei ist statt des Lasers der von einer 2000 W starken Lichtquelle ausgesandte Strahl genutzt worden.

6. Anwendung geodätischer Lasergeräte im Wohnungs- und Industriebau

6.1. Nutzung von Lasergeräten im Hochbau

Im gleichen Maße, in dem sich die Zuverlässigkeit der Konstruktionslösungen von Lasergeräten steigerte, stieg auch ihre internationale Anwendung im Hochbau. So wie früher bei Hochbauarbeiten die gespannte Schnur oder die Zielachse des Theodolits für die Fluchtung verwendet wurden, können heute bei Montagebauarbeiten Markierungsachsen von Bauwerken durch den Laserstrahl angegeben werden. Der rubinrote helle Laserstrahl ist in der Örtlichkeit gut sichtbar, läßt sich eindeutig in seiner Lage orten und trägt somit zu einer hohen Montagegenauigkeit von Baukonstruktionen bei.

Beim Anlegen von Fundamenten richtet man das Laserstrahlbündel auf die Flucht der äußeren Bezugsachsen oder parallel zu ihnen aus. Werden monolithische Fundamente errichtet, kann mit dem Laserstrahl *2* eines Lasertheodolits *3* sowohl die Absteckung und Einrichtung der Schalung, als auch die Kontrolle ihrer Lagestabilität beim Einbringen des Betons erfolgen (Bild 6.1). Die Montage von Fertigteilen für Streifenfundamente kann mittels Laserstrahls gesteuert werden, indem man mit der optisch angegebenen Achse zunächst die Eckelemente und danach die dazwischenliegenden Fundamentfertigteile ausrichtet. Gleichzeitig mit der Lage der Schalung bzw. Fertigteile im Grundriß wird die Höhenlage des Fundaments durch den horizontal ausgesandten Laserstrahl mit Hilfe einer Nivellierlatte *1* kontrolliert, wobei der Einsatz eines Lasers mit horizontaler Auffächerung des Strahls besonders empfehlenswert ist.

Bei der Anlage von Pfahlgründungen werden die Gründungspfähle in mehreren parallelen Reihen in den Baugrund eingebracht. Hierfür lassen sich die Absteckungsarbeiten durch Kombination von Laserfluchtung und

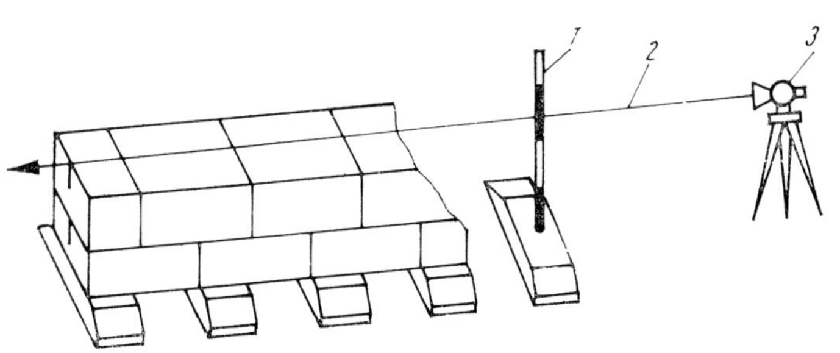

Bild 6.1. Kontrollmessung für Fertigteilfundamente durch Laserfluchtung

direkter Streckenmessung besonders rationell gestalten. Die Orientierung des Pfahls erfolgt bezogen auf den in eine Vertikalebene aufgefächerten Laserstrahl und gestattet neben der Kontrolle der Fußpunktlage auch die Vertikalität seiner Absenkung während des Rammvorgangs. Mit Hilfe des horizontalen Laserstrahls kann die Höhenlage kontrolliert und eingerichtet werden. Dabei ist die Höhe des Instrumentenhorizonts am Kopf des Pfahls als Lichtpunkt oder Horizontalebene sichtbar, und aus der Differenz zwischen der gemessenen Höhe des Instrumentenhorizonts sowie der Projekthöhe läßt sich das vertikale Einrichtungsmaß für den Pfahl bestimmen.
Im industriellen Montagebau sind die tragenden Wände bzw. Stützen die wichtigsten Konstruktionselemente, an deren Montagegenauigkeit besonders bezüglich der Lotrechtstellung hohe Anforderungen gestellt werden. Die Einrichtung und Kontrolle lotrechter Stützen kann mit Hilfe zweier Lasertheodolite erfolgen, die auf der jeweiligen Längs- und Querachse aufgestellt und entsprechend orientiert werden. Die Kriterien für die Montagegenauigkeit der Stützen sind ihre Achsabweichungen am Stützenfuß und -kopf, bezogen auf die Abbildung des Laserstrahls in der jeweiligen Meßebene. Dabei können die entsprechenden Ablesungen vom Montagearbeiter, der sich im Stützenbereich befindet, selbst vorgenommen werden. Vor dem Kollimator des Lasertheodolits wird ein Zylinderlinsenvorsatz angebracht. Dieser fächert den Laserstrahl in eine Vertikalebene auf, so daß man auf der Stütze die Abbildung einer lotrechten Lichtlinie beobachten kann, die gleichzeitig am Stützenkopf und -fuß sichtbar ist (Bild 6.2).
Die Anwendung von Lasertheodoliten mit vertikal aufgefächertem Strahl bzw. von Rotationslasern, die eine Vertikalebene erzeugen, sichert die Montage am vorgesehenen Einbauort sowie die Vertikalität der Baukonstruktion nach dem Prinzip der vertikalen Ebenenfluchtung (Bild 6.3). Die Kontrollverfahren für die Vertikalität, bei denen Lasergeräte verwendet werden, zeichnen sich durch kurze Messungszeit, Kontinuität infolge der

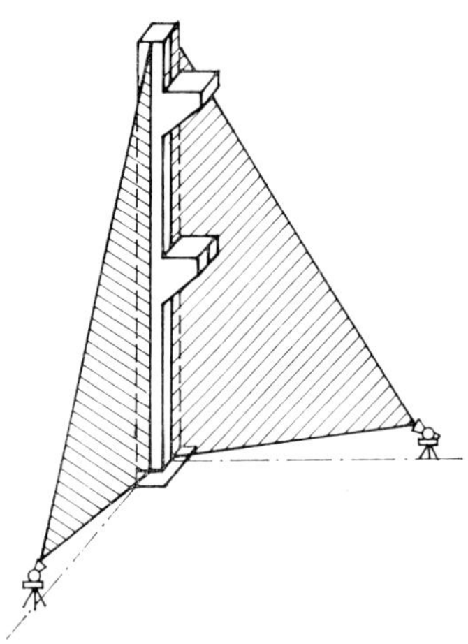

Bild 6.2. Lotrechtstellung von Stützen mittels zweier Lasertheodolite

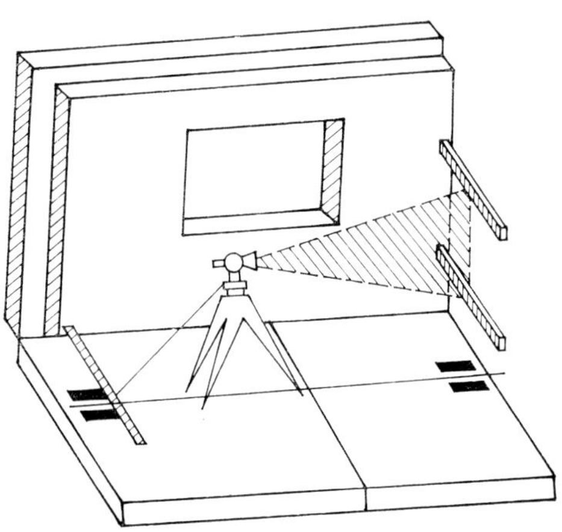

Bild 6.3. Lagekontrolle der Wandelementemontage mit Hilfe einer Laserebene

ständigen Laserstrahlung sowie Sichtbarkeit der Bezugslinien aus und sichern somit eine höhere Montagegenauigkeit.
Die Projektion der Bezugspunkte vom Basishorizont auf die jeweilige Montageebene wird in Abhängigkeit von Gebäudehöhe und konstruktiven Besonderheiten des Bauwerks mittels äußerer Ebenenlotung oder vertikaler Innenlotung ausgeführt, wofür ebenfalls Lasergeräte [15] eingesetzt werden können. Bei Bauwerken mit kleiner bzw. mittlerer Höhe und freiem Zugang im Baustellenbereich kann für die lotrechte Übertragung der Bezugsachsen die Ebenenlotung angewandt werden (Bild 6.4). Hierfür wird ein Lasertheodolit *1* auf der äußeren Verlängerung der Bezugsachse im Punkt *A* aufgestellt, dessen Entfernung zum Bauwerk nicht weniger als das 1,5-fache der Bauwerkshöhe ist. Durch Orientierung des Instruments auf den Punkt *A'* am Gebäudesockel und nachfolgende Neigung des Strahlrohrs auf den Montagehorizont fällt der Laserstrahl *2* auf eine Zieltafel *3*. Diese Zieltafel wird mit ihrem Zentrum genau auf den Laserstrahl ausgerichtet, danach die erhaltene Lage auf die Montageebene abgelotet und somit die Projektion der Bezugsachse erhalten. Für hohe Montagebauten (z. B. Stahlskelettkonstruktionen) unter beengten örtlichen Bedingungen wurde für die Ebenenlotung erfolgreich die vertikale Laserebene eines Rotationslasers eingesetzt.
Beim Bau vielgeschossiger Bauwerke erfolgt die Übertragung der Bezugspunkte vom Basis- auf den Montagehorizont durch optische Geräte für die Vertikallotung über den Zenit (z. B. PZL) bzw. den Nadir (z. B. QNL). Auch hier wird international bereits die Laserlotung erfolgreich angewandt. Dafür eignen sich besonders Geräte, die die Lotung des Punkts gleichzeitig in beiden Koordinatenachsen und nicht nur in einer Lotebene gestatten. Die durch Lotung zu übertragenen Bezugspunkte liegen nicht auf den Grundrißachsen der Fertigteile, sondern auf parallel zu diesen verschobenen Längs- und Querachsen, so daß bereits montierte Wand- bzw. Stützenelemente die Lotung und nachfolgende Absteckung nicht stören. Die Ab-

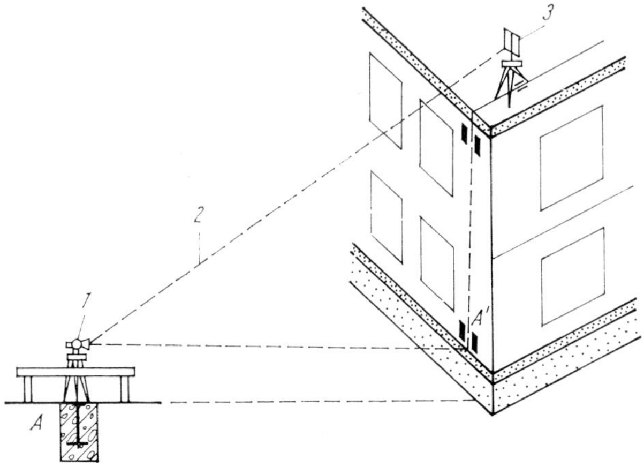

Bild 6.4. Übertragung von Absteckachsen auf den Montagehorizont durch Ebenenlotung mit dem Lasertheodolit

steckungsachsen liegen zwischen 0,1 und 0,5 m von den Elementekanten entfernt. Bereits bei der Projektierung werden in den Deckenelementen Öffnungen vorgesehen, die beim Lotvorgang freie Sicht vom Fundament bis in jedes beliebige Obergeschoß gestatten. Sind Sanitär- oder Aufzugsschächte vorhanden, können auch diese für die Lotung verwandt werden.
Über den Zentralpunkten werden Laserlotgeräte aufgestellt und zentriert. Wenn ein Gerät mit doppelter Kompensation der Abweichung des Laserstrahls von der Vertikallage verwendet wird, gibt der ausgesandte Strahl *2* bereits die Lotlage an. In der Deckenöffnung auf dem Montagehorizont (Bild 6.5) ist eine Durchlichtzieltafel *1* im Schnittpunkt *6* angebracht, und hier zeigt der Laserlichtpunkt die Lage des hochgeloteten Zentralpunkts an. Die Zieltafel ist aus Plexiglas gefertigt und besitzt ein aufgetragenes Koordinatengitter, an welchem die x- und y-Koordinaten des Laserpunkts von oben abgelesen werden. Diese Punktlage dient zur weiteren Grundrißabsteckung auf dem Montagehorizont, wo, bezogen auf einen oder mehrere Zentralpunkte, die Absteckung der Markierungsachsen für die Elementemontage erfolgt.
Laserlotgeräte finden Anwendung bei Kontrollmessungen für monolithische Gebäude, aber auch für Schornsteine, Kühltürme, Fernsehtürme u. a., die mittels Gleitschalung errichtet werden. Die Nutzung von Lasergeräten für die Steuerung monolithischer Bauprozesse schafft operativ die Möglichkeit, schnell, anschaulich und hinreichend genau metrische Informationen für

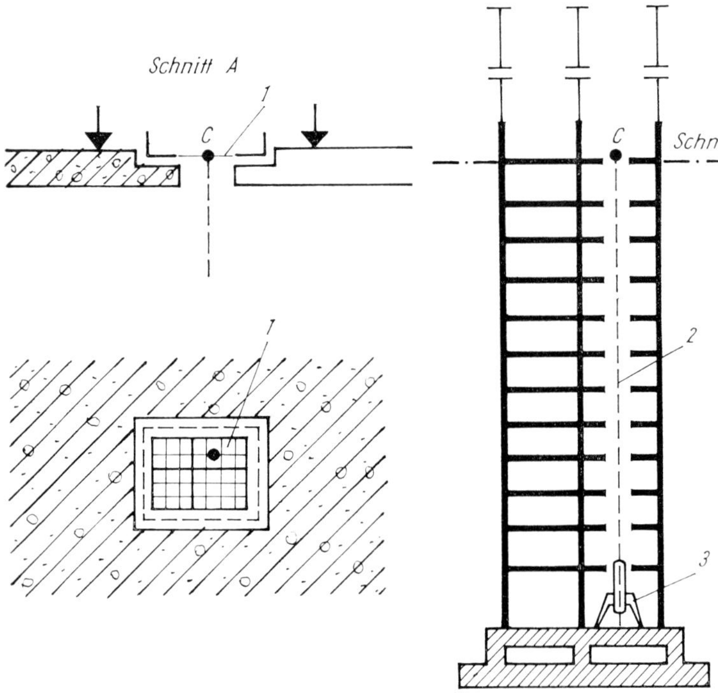

Bild 6.5. Vertikallotung von Bezugspunkten in Gebäuden

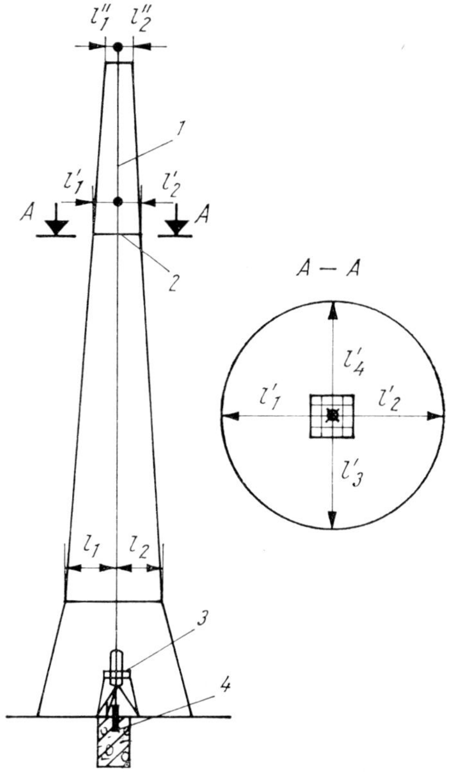

Bild 6.6. Bestimmung der Vertikalität von Turmbauten mittels Laserstrahls

die Regulierung der Schalungsbewegung zu erhalten. Hierzu wird das Laserlotgerät *3* (Bild 6.6) über dem Zentralpunkt *4* aufgestellt, der mit der vertikalen Bauwerksachse identisch ist. Danach werden auf dem Bauwerkshorizont *2* die Längenmessungen l_1', l_2', l_3', l_4' der horizontalen Abstände zwischen Baukonstruktion und Laserbezugsachse ausgeführt. Um die exakte Lage des Projektionszentrums des Laserstrahls bei der Vertikalitätskontrolle von Turmbauten bestimmen zu können, wird eine spezielle Meßausrüstung empfohlen, die verstellbare Zielmarken benutzt. Bezogen auf die Projektachsen, wird die Schalung aufgebaut, nach dem Erhärten des Betons demontiert und entsprechende Kontrollmessungen der Bauausführung durchgeführt, aus denen Größe und Richtung der Abweichung des Bauwerks aus der Senkrechten ermittelt werden können.

Die Anwendung von Laserlotgeräten ermöglicht, geometrische Abweichungen des Turmbauwerks in jeder gewünschten Bauwerkshöhe, bezogen auf den Basishorizont, ohne Geräteumstellung sicher und genau zu bestimmen. Diese Methode wurde beim Bau des Fernsehturms in Moskau-Ostankino mittels eines Zenitlots durch Beobachtungen auf den entsprechenden Bauwerkshorizonten praktiziert. Die Genauigkeit der Lotungsübertragung mittels Laser beträgt etwa ± 10 mm bei einer Bauwerkshöhe bis zu 500 m mit einem Libellenlotgerät (Libellenteilung 8″). Bei den gegenwärtigen Überwachungsmessungen am oben genannten Bauwerk wird dieses Lot-

gerät zur Bestimmung der Bauwerksschwankungen infolge einseitiger Sonneneinstrahlung, Winddruck und anderer atmosphärischer Einflüsse genutzt.
Die Anwendung der Lasermeßtechnik bei der Zwangsmontage ist in [1] und [51] erläutert.

6.2. Verwendung von Lasergeräten bei Nivellementsarbeiten bei der Planierung auf Baustellen [19], [20], [37], [52]

Bei der Errichtung von Wohngebieten, Industriekomplexen, Flugplätzen [8], [32] und Bewässerungsanlagen [46] müssen umfangreiche Planierungsarbeiten auf der natürlichen Erdoberfläche vorgenommen werden. Die Erhöhung der Produktivität derartiger Arbeiten ist durch den Einsatz eines Lasernivelliers oder Rotationslasers, der eine horizontale oder geneigte Lichtebene im Raum bildet, stark beeinflußbar. Bezogen auf diese Ebene kann man durch direkte Messung an einer Latte die Höhenbestimmung der zu planierenden Oberfläche vornehmen und auch die geforderte Projekthöhe in die Örtlichkeit übertragen.
Zunächst wird im Bereich der Umringsgrenzen des Bauabschnitts ein Nivellementszug gemessen, dessen Höhenpunkte 200 ... 300 m Abstand aufweisen. Besteht die Notwendigkeit einer Verdichtung des Höhennetzes innerhalb des Bauplatzes, so werden weitere Züge innerhalb des Bauabschnitts diagonal angelegt. Den Standpunkt des Lasernivelliers wählt man so, daß bei Rotationslasern mit einer Aufstellung eine Fläche mit 200 ... 300 m Umkreisradius geodätisch bedient werden kann.
Die vom Rotationslaser gebildete Laserebene muß in eine streng horizontale Lage gebracht werden, so daß die projektierte Planumsoberkante parallel zu ihr ist. Die Einrichtung in die Horizontallage erfolgt mittels Libelle oder Kompensator am Gerät, wobei automatisierten Konstruktionslösungen der Vorzug zu geben ist. Zur Kontrolle der Horizontalität der Laserebene und für die Bestimmung der Horizonthöhe werden auf den nivellitisch bestimmten Höhenpunkten Ablesungen a der Lage der Laserebenenspur an der dort aufgestellten Nivellierlatte gemacht (Bild 6.7). Die Horizonthöhe der Laserebene H_{Hor} erhält man aus der gegebenen Höhe H_0 des jeweiligen Höhenpunkts mit

$$H_{\mathrm{Hor}} = H_0 + a \qquad (6.1)$$

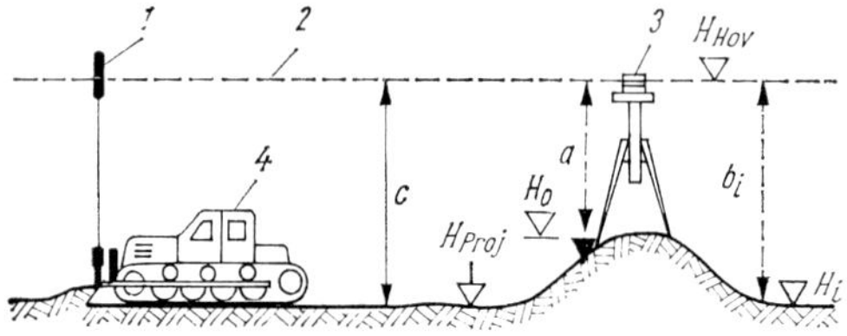

Bild 6.7. Anordnung des Lasersystems für die Steuerung und Kontrolle von Planierungsarbeiten

Durch Mittellung der Ablesungen an mehreren Höhenpunkten erhält man einen gesicherten Wert für die Höhe des Laserhorizonts, wobei die Abweichung bei 3 Höhenpunkten bis zu ± 5 mm betragen kann.
Soll die Laserebene zur Höhenbestimmung der gegebenen Erdoberfläche dienen, werden wie beim klassischen Flächennivellement ein Quadratnetz abgesteckt und die Höhen H_i der Netzpunkte aus den Ablesungen b_i an der aufgehaltenen Latte berechnet (Bild 6.7)

$$H_i = H_{\text{Hor}} - b_i \tag{6.2}$$

Experimentelle Untersuchungen zeigten, daß bei Entfernungen bis zu 300 m die Abweichungen ermittelter Punkthöhen nicht größer als ± 5 mm waren.
Sind projektierte Höhen H_{Proj} für Planierungsarbeiten abzustecken, so errechnet sich die Soll-Ablesung c an der Latte aus der Differenz zwischen Horizont- und Projekthöhe

$$c = H_{\text{Hor}} - H_{\text{Proj}} \tag{6.3}$$

Die Vermarkung der projektierten Höhen des Bauabschnitts erfolgt durch Pfähle, deren Oberkante dann genau in der Projekthöhe liegt, wenn die dort aufgehaltene Latte an der Laserspur genau die berechnete Ablesung c anzeigt. Dazu ist es notwendig, entweder den Pfahl bis zu dieser Tiefe einzuschlagen oder den Lattennullpunkt am Pfahl zu markieren und anschließend den Pfahl auf dieser Höhe abzusägen.
Besitzt die projektierte Ebene eine vorgegebene Neigung, so ist es notwendig, auch die Laserebene in diese Neigung einzustellen. Hierzu wird zunächst bei horizontaler Lage der Laserebene die projektierte Höhenlage an 3 bis 4 Punkten nivellitisch in die Örtlichkeit übertragen und die unterschiedlichen Höhen der Pfahloberkanten entsprechend realisiert. Außerdem ist die Höhe des Instrumentenhorizonts H_{Hor} entsprechend (6.1) zu bestimmen. Die nach Gl. (6.2) berechneten Höhen H_i unterscheiden sich voneinander, weshalb auch die nach (6.3) berechneten Soll-Werte der Lattenablesungen verschiedene Größen aufweisen. Mit Hilfe der Fußschrauben des Lasernivelliers bzw. entsprechender Einstelleinrichtungen gibt man der Laserebene eine solche Neigung, daß an allen auf den Bezugspunkten aufgestellten Nivellierlatten die Laserspur auf der gleichen Ablesehöhe c steht, die aus der Differenz zwischen der Höhe des Instrumentenhorizonts H_{Hor} und der Projekthöhe H_{Proj} berechnet wurde. Danach werden die Planierungsarbeiten für die geneigte Ebene analog denen der Horizontalebene durch Realisierung der Soll-Ablesung c gesteuert.
Werden die Planierungsarbeiten mit Baumaschinen ausgeführt, befestigt man dort am Arbeitselement eine Zieleinrichtung *1*, deren Vertikalabstand von der Unterkante gleich dem vorberechneten Wert c ist. Die Höhe c ist somit an der Baumaschine gekennzeichnet, und je nach Lage der Laserspur mit Bezug auf diese Markierung kann man auf Richtung und Größe der Abweichung von der Projekthöhe schließen.
Anstelle der visuellen Erfassung der Abweichung des Planierschilds von der Projekthöhe gebraucht man in zunehmendem Maße automatische Steuersysteme. Am Arbeitselement der Planierraupe *4* (Bild 6.7) oder auf

dem Fahrerkabinendach wird ein Fotodetektor *1* montiert, der aus mehreren übereinander angeordneten Fotozellen besteht. Der Detektor ist in einer bestimmten Höhe befestigt, so daß bei der Lage des Planierschilds auf der projektierten Höhe die vom Rotationslaser *3* erzeugte Laserebene *2* sich in Höhe vom Nullpunkt des Fotodetektors befindet. Auf einem Indikator in der Fahrerkabine erscheint die Information über die tatsächliche Lage der Laserebene, und der Maschinist kann entsprechende Maßnahmen zum Erreichen der Projekthöhe einleiten.
Derartige Systeme sind auch in der Sowjetunion angewandt und untersucht worden. Hier wurde die Horizontalität der Laserebene durch 10″-Röhrenlibellen realisiert. Die Empfangseinrichtung besteht aus Durchlichtzieltafeln, auf welche die Fotozellen montiert wurden. Die Einrichtung registriert Höhenunterschiede im Bereich von ±10 cm und ist in 9 Teilbereiche unterteilt. Der Fotodetektor gibt die empfangenen Signale nach Verstärkung an den Indikator weiter, an dem durch Leuchtsignale die Laserstrahllage angezeigt wird. Das Verfahren ist 1972 erfolgreich beim Bau eines Bewässerungssystems für Reisfelder angewandt worden. Dabei wurde festgestellt, daß die Röhrenlibellen die Horizontalebene mit einer Genauigkeit von $s = \pm 1$ mm auf 100 m Zielentfernung realisierten. Im Verlauf einer Stunde verändert sich die Lage der Libellenblase um 1,5 Teilstriche bei Sonneneinstrahlung, was einem Winkel von 15″ entspricht. Trotz des großen äußeren Lichteinfalls bis zu 4500 Lux konnte mit dem System die Lage der Laserebene zuverlässig bis zu 650 m Entfernung vom Strahler geortet werden. Die Planierungsarbeiten wurden mit Schrappern so lange ausgeführt, bis die Indikatoranzeige weniger als ±2 cm Abweichung von der Null-Lage auswies. Kontrollmessungen mittels geometrischen Nivellements über 3 Abschnitte der Gesamtfläche von 4,7 ha zeigten maximale Abweichungen der planierten Fläche von der Projekthöhe in der Größe ±40 mm. Bei Anwendung des vorstehenden oder eines analogen anderen Systems der Höhensteuerung erhöht sich die Genauigkeit der Bauausführung. Neben der Erhöhung der Arbeitsproduktivität kann ein weiterer Effekt dadurch erzielt werden, daß mehrere Baumaschinen gleichzeitig auf dem Arbeitsabschnitt arbeiten können. Auch der Umfang manueller geodätischer Arbeiten zur Steuerung des Bauprozesses vermindert sich.

6.3. Lasereinsatz beim Bau von Rohrleitungen [25], [39], [40]

Die Absteckungsarbeiten beim Bau unterirdischer Kanalisations-, Trinkwasser- und Gasnetze sowie von Fernwasserleitungen schaffen die Voraussetzungen für die Rohrverlegung auf der projektierten Längsachse mit dem vorgesehenen Gefälle. Zu Beginn der Absteckung werden die Knickpunkte der Rohrtrasse in die Örtlichkeit übertragen, kontrolliert sowie festgelegt und anschließend die Achse stationiert. Für die Lage der Schächte und Sperrschieber sind auf den Achsen die projektierten Entfernungen abzusetzen und die Zentren dieser Bauwerke durch Pfähle u. a. außerhalb der Arbeitsbreite des Aushubs zu sichern. Durch geometrisches Nivellement

nimmt man den Längsschnitt der Trasse auf. Zur ordnungsgemäßen Ausführung der Erdarbeiten wird die Rohrgrabenachse im Abstand von 5 bis 10 m durch Pfähle vermarkt, es werden seitlich die Böschungsränder abgesteckt und Höhenangaben für die Grabensohle gemacht. Der Grabenaushub erfolgt maschinell durch Baggern vom Punkt mit dem niedrigsten Aushub aus gegen die Längsneigung. Das Feinplanum auf gewachsenem Boden oder mit Kiesschicht wird manuell hergestellt.
Für die vorstehend beschriebenen Absteckungs- und Bauprozesse lassen sich geodätische Lasergeräte vielfältig einsetzen. Das betrifft die Angabe von Bezugslinien für die Leitungstrasse, auf welche die Grabentiefe und Rohrlage bezogen werden können. Der ständige vorhandene Laserstrahl, parallel über der Rohrleitung gelegen, gestattet die ununterbrochene Ausführung von Messungen durch Arbeitskräfte des Bauwesens.
Beim Grabenaushub wird ein Lasertheodolit, -nivellier oder -fluchtungsgerät verwendet, dessen ausgesandter Laserstrahl die Grabenachse und ihre Neigung angibt. Das Instrument wird über dem abgesteckten Achspunkt am Grabenanfang aufgestellt und der Strahl in Richtung der Grabenachse mit dem projektierten Längsneigungswinkel orientiert. Durch Vorgabe der Projekthöhe H_{Proj} im Instrumentenstandpunkt, der Achspunkthöhe H_s und Messung der Instrumentenhöhe i läßt sich mit Gl. (3.14) der Höhenunterschied c zwischen Laserstrahl und Projektlinie berechnen.
Die Tiefe des Grabenaushubs wird mit einer Meßeinrichtung geprüft, bei der auf einer Latte eine verschiebbare Zieleinrichtung auf die Ablesung (c — 0,05 m) eingestellt wird. Befindet sich das Zentrum des ausgesandten Laserstrahls auf dem Nullpunkt der Zieleinrichtung, muß der maschinelle Aushub des Grabens beendet werden, und die Restschachtung von 5 cm kann manuell erfolgen.
Beim Grabenaushub mit Tiefbaggern wird die Arbeitsproduktivität wesentlich durch das Anbringen eines Vertikalstabs mit verschiebbarer Auflichtzieltafel am Arbeitselement der Baumaschine erhöht. Auch hier wird der Höhenunterschied c wie oben bestimmt und der Zieltafelnullpunkt auf die Höhe (c — 0,05 m) eingestellt. Somit kann der Baumaschinist während der Baggerarbeiten selbst die Lage des Laserstrahls auf der Zieltafel beobachten und daraus entsprechende Steuerungsmaßnahmen am Arbeitselement ableiten. Hierdurch läßt sich sowohl der Rohrgraben bis zur vorgesehenen Tiefe ausheben als auch die seitliche Lage des Baggers gegenüber der Projektachse kontrollieren.
Zur Erhöhung der Effektivität beim maschinellen Erdaushub sowie der geometrischen Genauigkeit von Erdbauarbeiten lassen sich vorteilhaft Systeme zur automatischen Steuerung der Arbeitselemente von Baumaschinen in der projektierten Neigung nutzen. In der Sowjetunion wurde in den sechziger Jahren das System „PUL" entwickelt, welches auf dem Prinzip der Steuerung mittels Lichtstrahls beruhte. Dabei wird von einem Scheinwerfer ein modulierter Lichtstrahl ausgesandt, der entsprechend gefiltert in zwei symmetrische Teile mit unterschiedlichen Modulationsfrequenzen geteilt wurde. Ein fotoelektrischer Empfänger, der am Arbeitselement der Maschine befestigt war, nahm die Begrenzung des Strahls auf

und gab entsprechende Steuerkommandos an die Baumaschine weiter. Wird heutzutage in diesem System der Scheinwerfer durch einen Lasergenerator ersetzt, erhöht sich die Genauigkeit der Angabe der Bezugslinie, vergrößert sich die Reichweite des Geräts und vereinfacht sich der Aufbau des Steuersystems. Bei der Rohrverlegung wird das Lasergerät auf dem einen Endpunkt eines geraden Trassenabschnitts aufgestellt und der Laserstrahl auf eine Parallele zur Rohrleitungsachse orientiert, die die gleiche Neigung aufweist. Die Strahlhöhe wählt man so, daß der Laserstrahl in einem bestimmten Abstandsmaß über der zu verlegenden Rohrachse liegt oder im Rohrinneren genau durch die Achse geht. Der Rohreinbau erfolgt gewöhnlich entgegen der Längsneigung bergwärts. Zunächst wird am Rohrende die Rohrachse in die Projektlage zentriert, indem man eine im Rohr aufgehaltene Latte in Übereinstimmung mit der Laserangabe bringt. Die Höhenorientierung vereinfacht sich durch das Anbringen einer Zieleinrichtung an der Latte auf das vorausberechnete Differenzmaß, wobei der Nullpunkt der Zieleinrichtung in die Laserflucht eingerichtet wird.
Nach dem Einbau von Abwasserleitungen muß die Höhenlage des Abflußprofils der Rohrleitung kontrolliert werden. Für diese Kontrollmessung bringt man am Lattenfuß ein geeignetes Profilstück an, welches auf die Sohle der Abflußrinne vor jeder Ablesung aufgestellt wird. Durch Heben oder Absenken des Rohrs wird die Übereinstimmung zwischen Laserstrahl und Zielmarkenzentrum erreicht. Nach Festlegung des Rohrs im Grabenbett wird die endgültige Grundriß- und Höhenlage des Rohrs geprüft und das nachfolgende Rohrelement verlegt.
In der Praxis ist es oft notwendig, daß das Lasergerät während der Arbeit in unterschiedlicher Höhe und auf verschiedenartigen Standflächen aufzustellen ist, d. h. auf der Grabensohle, auf Rohren, auf der Erdoberfläche oder auf Gerüsten über dem Graben. Am bequemsten ist die Aufstellung auf der Erdoberfläche, bei tiefen Gräben müssen jedoch Latten von 3 m Länge und mehr den Höhenunterschied zwischen Laserstrahl und Rohrleitung überbrücken. Dabei ist es nicht nur schwer, die lange Latte zu handhaben, sondern auch die Lage des Laserpunkts auf der Zieleinrichtung zu beobachten. Aus diesem Grunde wurden für Stative von Lasergeräten Konstruktionslösungen gewählt, die eine Aufstellung des Lasergeräts in beliebiger Höhe, also auch unter dem Stativkopf gestatten und somit den Laserstrahl in eine vorher gewählte Höhenlage bringen. Das gleiche Stativ wird auch zur Aufstellung der Zieleinrichtung am anderen Ende des Geradenabschnitts benutzt. Eine derartige Methode ist in den USA bei der Kollektorverlegung einer 3 km langen Abwasserleitung aus Stahlbeton- bzw. Stahlrohren von 0,8 m Durchmesser angewandt worden. Die geodätischen Messungen wurden mit Hilfe eines Lasergeräts ausgeführt, wobei mittels Prismensystemen an Gestängehalterungen der Laserstrahl in den Bereich der Grabensohle bzw. Rohrachse gelenkt wurde und die Latten verschiebbare Zielmarken besaßen. Durch die Laseranwendung konnte der Aufwand für Vermessungsarbeiten auf ein Fünftel und für Bauarbeiten auf die Hälfte reduziert werden.
Die oben erwähnte Stativkonstruktion ist mit einer beweglichen Stange

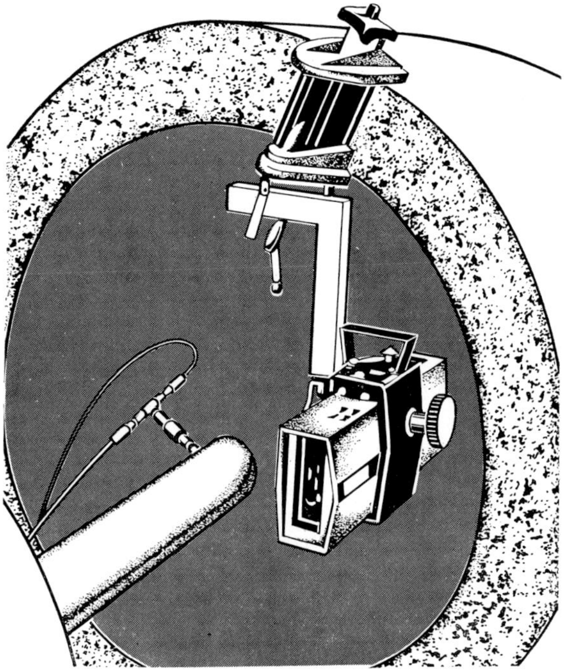

Bild 6.8.
Aufstellung von Fluchtungslasern beim Bau von Rohrleitungen

ausgerüstet, an deren unterem Teil das Lasergerät befestigt ist (Bild 6.8). Hierdurch kann, nachdem das Stativ im Graben oder Schacht aufgestellt ist, der Laserstrahl unmittelbar mit der projektierten Rohrleitungsachse in Übereinstimmung gebracht werden. Dabei werden für die Rohrverlegung selbstzentrierende Zielzeichen verwendet, die im Rohrinneren an der Wandung befestigt werden. Wenn man zunächst das Zielzeichen am Rohranfang auf den Laserstrahl orientiert, kann man den gleichen Vorgang am Rohrende wiederholen und dadurch die Rohrachse in ihre Projektlage bringen. Beim Strahldurchgang des Lasers durch die Rohrleitung ist sein Wirkungsgrad gegenüber Außenmessungen bedeutend erhöht. Hierdurch verringert sich die Anzahl der Zwischenaufstellungen, und es erhöhen sich die Messungsgenauigkeit sowie die Arbeitsproduktivität.

6.4. Geodätische Arbeiten an Kranbahnen unter Nutzung von Lasergeräten [3], [7], [18], [33], [60]

Bei Kranbahnen hängen Betriebsbedingungen, Arbeitsschutz und Sicherheit in hohem Maße von der geometrisch richtigen Lage sowie Höhe der Kranbahnschienen ab. Gesetzliche Vorschriften für den Bau und Betrieb von Kranbahnen reglementieren eine systematische Kontrolle der Kranbahnanlagen in den Betrieben. Beim geodätischen Kontrollmessungsprozeß werden parallele Alignementslinien festgelegt, auf welche die Geradlinigkeit der Schienen mit dem Theodolit durchgefluchtet wird. Die Höhen-

bestimmung für beide Schienen erfolgt komplex durch geometrisches Nivellement, und die Spurweite zwischen beiden Schienen wird durch direkte Längenmessung ermittelt. Nach der Messungsauswertung wird festgestellt, ob die zulässigen Abweichungen, die im Projekt oder von der Aufsichtsbehörde vorgegeben sind, eingehalten wurden. Die Messungsbedingungen für Kranbahnkontrollen gestalten sich aufgrund der Beleuchtungsverhältnisse, Vibrationseinflüsse, Luftturbulenzen u. a. schwierig und beeinflussen auch die Messungsgenauigkeit. Die schlechte Zugänglichkeit des Kranbahngleises, der Mangel an Aufstellmöglichkeiten für die geodätischen Instrumente, die Gefahr durch Stromleitungen, die Schienenhöhe über dem Hallenboden und anderes stellen hohe arbeitsschutztechnische Anforderungen und behindern die zügige Messungsdurchführung. Alle diese vorgenannten Gründe und Einflüsse bedingen die Abkehr von den klassischen Meßverfahren und die Einführung neuer Meßsysteme. Die Anwendung von Lasergeräten für die Kranbahnkontrolle bringt eine Vervollkommnung der Meßtechnologie ohne die genannten Nachteile. Das Instrument wird über der Schiene aufgestellt und der Laserstrahl in die Projektachse oder auf eine Hilfsachse ausgerichtet. Auf diese Bezugsachse lassen sich die Abstände zwischen Laserstrahl und Schienenkante direkt messen sowie am Anfang und am Ende auf zwei Kontrollpunkte beziehen. Die verwendeten Meßgeräte unterscheiden sich durch die Art der Ableseregistrierung in visuelle und elektrooptische Registrierung sowie Geräte mit Suchlaufautomatik oder Fernsehübertragung.
Bei der visuellen Registrierung stellt man eine Zieltafel auf dem Schienenkopf auf (Bild 6.9), schlägt die Innenkante des unteren Anlegewinkels am Schienenkopf an, horizontiert die Tafel mittels Dosenlibelle und liest am aufgetragenen Gitternetz die Lage des Laserpunkts im zweidimensionalen Koordinatensystem ab. Hieraus erhält man die Seiten- und Höhenlage des Schienenkopfs und kann so die Abweichungen gegenüber der Projektlage berechnen. Bei der Durchführung der Aufnahme wird die Zieltafel nacheinander an bestimmten Stationspunkten aufgehalten, die durch die Stützenfelder des Konstruktionssystems der Werkhalle vorgegeben sind. Durch die jeweilige Ablesung des feststehenden Laserstrahls auf der Zieltafel erhält man die notwendigen Informationen über den Verlauf der Kranbahnschiene nach Lage und Höhe. Die Messungen werden als Doppelmessungen im Hin- und Rückgang durchgeführt, wobei die Differenzen

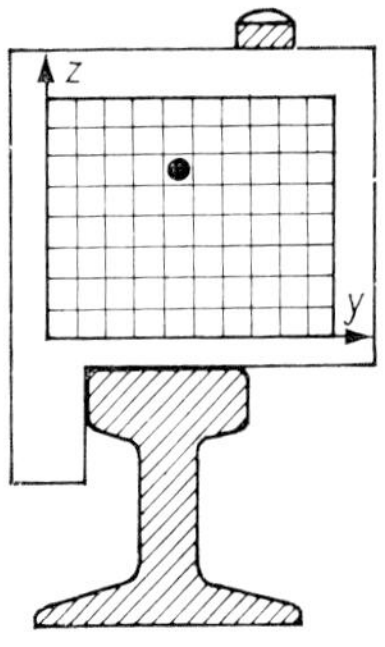

Bild 6.9. Zieltafeleinrichtung für die Kranbahnkontrolle

maximal 2 ... 3 mm betragen dürfen und die beiden Ablesungen gemittelt werden. Die Kontrollmessung an der zweiten Schiene wird analog durchgeführt. Aus den Höhen der rechten und linken Kontrollpunkte wird der Höhenunterschied der beiden Bezugslinien ermittelt. Den Abstand zwischen rechter und linker Schiene erhält man durch direkte Messung mit kompariertem Rollbandmaß unter Berücksichtigung der entsprechenden Korrekturen. Die Punkthöhen werden in einem einheitlichen System berechnet, das auf den Ausgangspunkt einer der beiden Schienen bezogen ist. Aus dem Höhenunterschied, d. h. zwischen rechtem und linkem Ausgangspunkt, den Ablesungen der Laserpunktlage auf der Zieltafel an den Aufnahmepunkten der linken bzw. rechten Schiene sowie den Ablesungen in den Ausgangspunkten auf der linken bzw. rechten Schiene erhält man die Höhenwerte.

Hieraus lassen sich nun die Höhenunterschiede der Oberkante beider Kranbahnschienen an den Konsolenauflagern der Stützen sowie in Kranbahnträgermitte zwischen zwei Stützen berechnen und mit den zulässigen Abweichungen vergleichen. Zur Berechnung der Spurweiten zwischen beiden Schienen benutzt man die beiden Messungen zu den Bezugspunkten am Anfang und Ende der Kranbahn sowie die Meßwerte der Laserfluchtung. Durch Ausgleichung einer parallelen Doppelgerade unter Beachtung ihres durch das Konstruktionsmaß der Spurweite gegebenen Abstands lassen sich sowohl die Achsabweichungen der beiden Schienen als auch durch Summierung die Abweichung von der Spurweite errechnen und in die Toleranzgrenzen einordnen. Zusätzlich wird die Geradlinigkeit der beiden Schienen jeweils aus den Extremwerten der Achsabweichungen ermittelt.

Bei Anwendung der visuellen Laserregistrierung auf der Zieltafel können Höhenwerte mit einer Genauigkeit von $\pm 3 \ldots 4$ mm, Lageabweichungen mit $\pm 2 \ldots 3$ mm und Schienenabstände mit $\pm 3 \ldots 5$ mm in Abhängigkeit von Kranbahnlänge und Arbeitsbedingungen ermittelt werden.

Bei Kranbahnmessungen mit Hilfe eines Laserfluchtungsgeräts und visueller Ablesung im Lugansker Kraftwerk wurde die Schienenlage mittels einer selbstzentrierenden Zieltafel mit einer Standardabweichung von $s = 3{,}4$ mm ermittelt, was ein Vergleich mit klassischen Meßverfahren zeigte. In einem anderen Falle wurde die Höhenlage einer 160 m langen Kranbahn in einem Hüttenwerk mit dem „Geoplane 300" kontrolliert. Bei der Ermittlung der Schienenoberkante wurde eine Standardabweichung von $s = 3{,}6$ mm er-

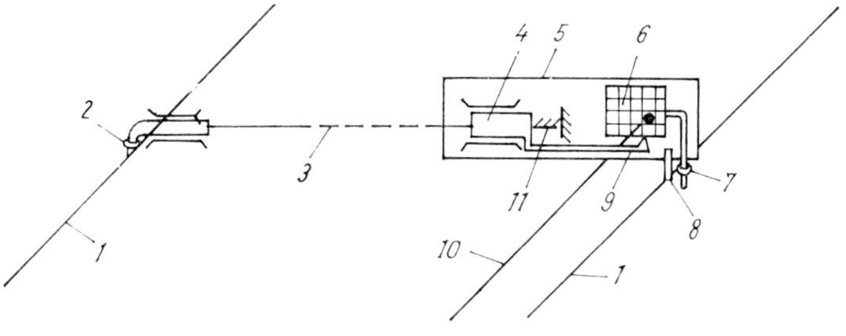

Bild 6.10. Automatisiertes System der Kranbahnmessung (Prinzip)

reicht. In der UdSSR wurde ein automatisches System für die Kranbahnmessung unter Verwendung eines Lasergeräts mit fotografischer Zielerfassung entwickelt. Es beruht auf folgendem Prinzip (Bild 6.10):
Eine Fotoregistrierkamera ist auf dem Kranbahnträger über der Schiene *1* montiert. Mit der Kranbewegung verändert sich die Kameralage in horizontaler und vertikaler Richtung aufgrund der Unregelmäßigkeiten der Führungsschiene, mit der sich die Kamera über das Rad *8* und die Rolle *7* in ständigem Kontakt bei der Längsbewegung befindet. In der Plattenebene der Kamera ist eine Gitterebene *6* angeordnet. Mit der gegenüberliegenden Schiene ist die Meßeinrichtung über den Seilzug *3* über die Rolle *2* verbunden. Die Seilspannung und damit die Kontakte der Rollen *2* und *7* mit den beiden Kranschienen wird durch die Feder *11* gewährleistet, deren hinteres Ende starr mit der Kamera verbunden ist, während das vordere den Ableseindex *9* mit Hilfe des Gleiters *4* trägt. Durch den Ableseindex, der auf dem Raster verschiebbar ist, ermittelt man die Lageveränderung der Spurweite zwischen den Schienen. Die Registrierkamera besitzt kein Objektiv, weil die Filmschicht direkt in die Ebene des Meßrasters angedrückt wird. Beim Auslösen des Kameraverschlusses werden durch Kontaktverfahren die Rasterlinien, der Laserstrahl *10* und Informationen über die Stationierung auf dem Film abgebildet, der automatisch bei der Kranbewegung transportiert wird.
Die beschriebene Methode wurde bei einer 90 m langen Kranbahn angewandt und ihre Genauigkeit mit unabhängigen Meßverfahren untersucht. Die Ergebnisse der Kranbahnkontrolle mittels fotografischer Registrierung wurden mit rein geodätischen Verfahren verglichen und ergaben Standardabweichungen bei der Höhenbestimmung von $s = 1{,}9$ mm und in bezug auf die Geradlinigkeit $s = 2{,}1$ mm. Ein anderes Gerätesystem für die Kranbahnmessung benutzt ein Lasergerät, eine Durchlichtzieltafel mit den Maßen 10 cm × 10 cm sowie die handelsübliche Kamera *Zenit 35*. Bei der Kranbahnaufnahme wird das Raster der Zieltafel mit dem Laserpunkt von der Rückseite her mit der Kamera fotografiert.
Die Kranbahnmessung unter Verwendung einer Industriefernsehanlage überträgt die Laserpunktlage an der Zieltafel auf einen Bildschirm. Das Lasernivellier sendet einen Bezugsstrahl aus, der auf die Zieltafel trifft und mit der Empfangseinrichtung in der Fahrerkabine beobachtet werden kann. Die Zieleinrichtung ist gemeinsam mit der Fernsehkamera auf dem Fahrgestell montiert, und das Bild in der Kabine zeigt das Quadratnetz einschließlich der Lage des Laserpunkts. Somit kann ein Beobachter ständig die Koordinaten des Laserpunktzentrums bestimmen und anschließend die Abweichungen der Schienenköpfe von der geraden Laserbezugsachse berechnen. Die experimentelle Erprobung einer derartigen Anlage an einer 78 m langen Kranbahn zeigte einen Bestimmungsfehler für die Abweichungen geringer als ± 2 mm.
Das Lasermeßsystem NIVEMAT (Bauakademie der DDR) [3] benutzt einen funkgesteuerten Kranbahnmeßwagen, der mit einer Suchlaufautomatik ausgerüstet ist, die sich selbsttätig in die Laserflucht einrichtet und den Verschiebungsbetrag digital anzeigt.

Problematisch ist bei der Kranbahnmessung stets die Bestimmung der Abstände zwischen den beiden Schienen, wenn der Platz für die Beobachter und deren Bewegung längs der Kranbahn nicht realisiert werden kann. Durch Anwendung des Winkelschnittverfahrens unter Nutzung eines Lasertheodolits kann die Sicherheit und Genauigkeit erhöht werden. Bei dieser Methode müssen nicht erst Zielzeichen angebracht werden, sondern es wird die helle Abbildung des vom Lasertheodolit ausgehenden Laserstrahls benutzt. Das Prinzip besteht in der Messung der Horizontalwinkel zwischen den Bezugspunkten. Wie aus Bild 6.11 ersichtlich, wird auf dem Basispunkt A ein Lasertheodolit aufgestellt und, bezogen auf die Basislinie, der Winkel α_2 abgesetzt, wobei der Laserstrahl auf den Steg der linken Schiene ausgerichtet wird. Der erzeugte Laserpunkt in C dient als Zielzeichen für einen optischen Theodolit, der am anderen Basisende im Punkt B aufgestellt ist. Mit diesem Instrument wird der Winkel β_1 zwischen der Basislinie und der Richtung zum abgebildeten Laserpunkt bestimmt. Danach werden der Laserstrahl auf den Punkt E an der rechten Schiene orientiert und die Winkel α_1 sowie β_2 gemessen. Die Basislänge d auf dem Hallenboden kann durch direkte Bandmessung hinreichend genau erfolgen. Bezogen auf diese eine Basis können 4 bis 6 Abstände D_i zwischen den beiden Schienen bestimmt werden. Wird die Basis auf der Kranbrücke angelegt, so kann diese nach einigen Messungen an eine neue Stelle zur Fortsetzung des Messungsvorgangs gefahren werden. Bei Objektentfernungen von 30 ... 50 m hat die erzeugte Laserfläche einen Durchmesser von 3 ... 5 mm und bildet sich ausreichend hell ab. Durch Anwendung des Kosinussatzes und Berücksichtigung der Stegstärke lassen sich die Achsabstände der Schienen berechnen, nachdem man vorher die Dreiecksseiten mit Hilfe des Sinussatzes bestimmt hat.

Zum Einrichten einer Kranbahn in die Projektlage wird das Laserniveliergerät auf dem Kranbahnträger aufgestellt, auf die Achse im Anfangspunkt zentriert, ein horizontaler Laserstrahl erzeugt und auf den Endpunkt ausgerichtet. Danach werden die Soll-Ablesungen an der Gitternetzzieltafel berechnet, die der projektierten Schienenlage in Grundriß und Höhe entsprechen. Beim Einrichten wird die Zieltafel nacheinander auf den entsprechenden Punkten des Schienenkopfs aufgestellt, mit Hilfe der Libelle

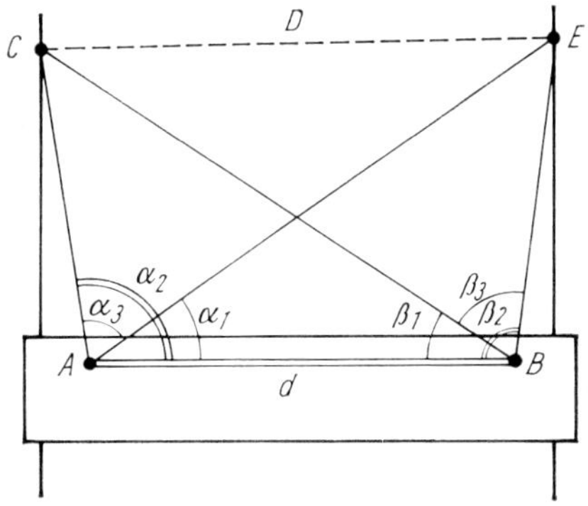

Bild 6.11. Bestimmung der Bezugsgeraden für die Kranbahnfluchtung mittels Lasertheodolits

horizontiert und die Größe der notwendigen Verschiebungen in die Soll-Lage bzw. -Höhe ermittelt. Bei der Ausrichtung der zweiten Schiene wird deren projektierte Achse ebenfalls durch einen Laserstrahl vorgegeben, der auf den Anfangs- und Endpunkt orientiert ist.
Die Übertragung der Höhen für die Ausgangspunkte erfolgt mit einem der bekannten Verfahren. Danach wird der Richtvorgang analog ausgeführt.

6.5. Weitere Anwendungsmöglichkeiten der Lasersteuerung [4]

Stützenmontage im Skelettbau

Die Montagegenauigkeit der Stützen bei der Errichtung von Bauwerken in Skelettbauweise beeinflußt in entscheidender Weise die geometrische Qualität des Gesamtbauwerks. Durch die Bauakademie der DDR, ITM, wurde ein Montagemeßsystem auf Laserbasis entwickelt, das in Bild 6.12 schematisch dargestellt ist und zur Achsausrichtung der Stützen nach Lage bzw. Höhe dient. Von einem Laserfluchtungsgerät *1* wird der Laserstrahl ausgesandt und fällt auf eine fest an der Stütze angebrachte Montagelehre *2*, die eine Lochblende *3* trägt. Wird die Stütze in ihrem unteren Teil so montiert, daß der Laserstrahl durch die Lochblende hindurchgeht, so ist die Stütze in Seiten- und Höhenrichtung orientiert und ihre Verkantung ausgeschaltet. Der optische 0°/90°-Strahlenleiter *4* lenkt einen Teil des

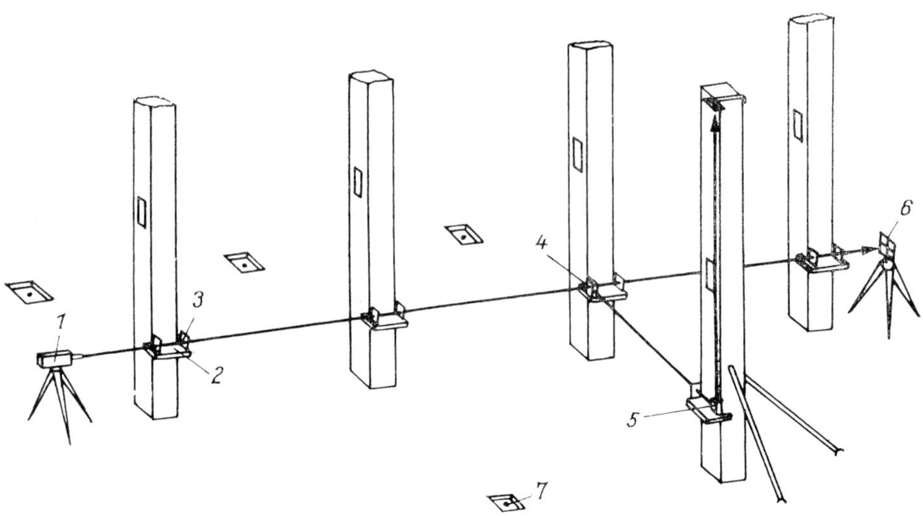

Bild 6.12. Stützenmontage im Stahlbetonskelettbau mit Einsatz der Lasertechnik

Laserstrahls rechtwinklig ab und gibt so die Längsorientierung der Stütze an. Ein auf der Montagelehre befindliches 90°-Umlenkprisma bringt schließlich den Laserstrahl in Vertikalrichtung, und mittels einer Zieltafel am Stützenkopf kann die Stütze in den beiden Koordinatenhauptrichtungen lotrecht gestellt werden. Eine Kontrollzieltafel *6* sichert die Zuverlässigkeit der Achsangaben mittels Laserstrahls. Durch den Einsatz weiterer Strahlenteiler und Umlenkeinheiten kann ein komplexes System achsparalleler und orthogonaler Fluchtachsen für die Ausrichtung der Stützen geschaffen werden. In Bild 6.13 ist die Lotrechtstellung hoher Einzelstützen mittels Laserlots gezeigt. Auf der ingenieurgeodätisch abgesteckten Markierung *3* einer Achsparallelen im Abstand Δy von der Hauptachse *4* wird ein Laserlotgerät *2* aufgestellt. Als Lotlaser wurde ein Rotationslaser verwendet, dessen rotierender Prismenkopf abgenommen wurde, wodurch der Laserstrahl in Vertikalrichtung das Gerät verläßt. Am Stützenkopf befindet sich eine elektrooptische Empfangsvorrichtung in Form einer Zieltafel, auf welcher der Laserstrahl geortet wird und so die Abweichungen von der Vertikallage ermittelt werden.

Kühltürme in Gleitbauweise [36], [38]

Bei der Errichtung hoher Kühltürme, deren Mantel ein Hyperboloid mit einer Höhe von 100 m und einem maximalem Durchmesser von 80 m darstellt, wird die Gleitbauweise angewandt. Aufgrund der komplizierten geometrischen Konfiguration müssen die Schalungskörper flexibel konstruiert und auf die spezielle geometrische Situation in der entsprechenden Bauwerkshöhe umrüstbar sein. Eine Systemlösung der meßtechnischen Angaben für die Umrüstung unter Verwendung von Lasergeräten ist in Bild 6.14 dargestellt und wurde erstmals im Kraftwerk Boxberg (Niederlausitz)

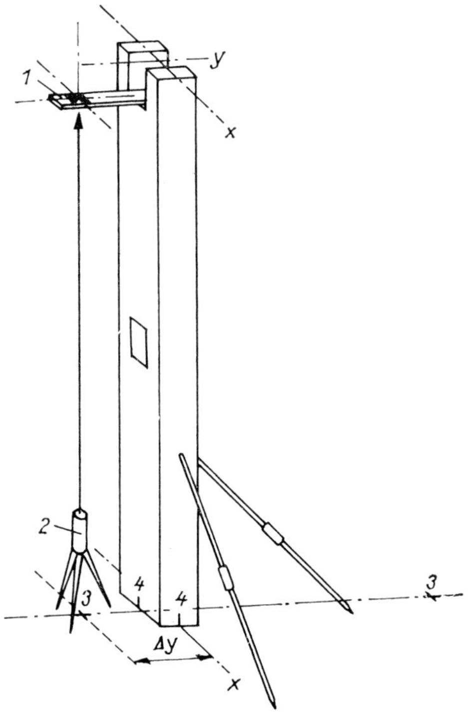

Bild 6.13. Lotrechtstellung hoher Stützen mit dem Laserlot

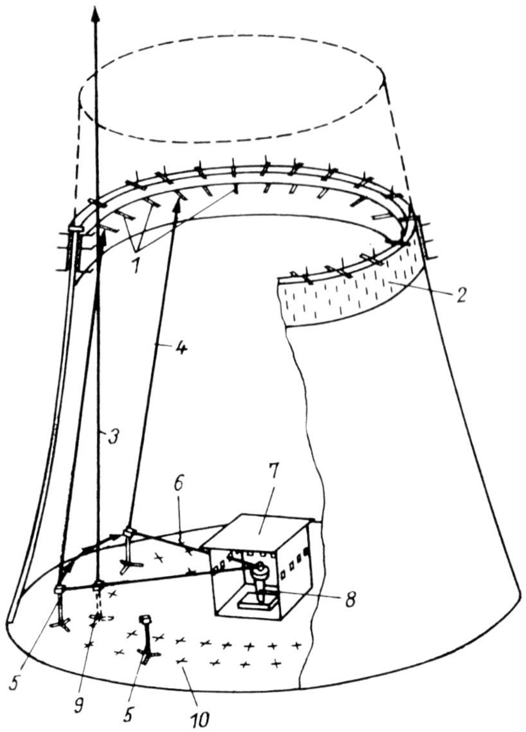

Bild 6.14. Lasermeßsystem für die Gleitbautechnologie beim Kühlturmbau (Bauakademie der DDR)

erfolgreich angewandt. Im Zentrum des Kühlturms wurde ein Lasergerät *8* mit 3 mW Ausgangsleistung installiert, das durch ein Schutzhaus *7* gesichert ist. Der vertikal erzeugte Laserstrahl wird mittels Pentaprismen umgelenkt und fällt als horizontaler Strahl *6* auf eine Umlenkoptik *5*, die an einer Stütze montiert ist. 24 derartige kreisförmig angeordnete Meßstellen bilden einen Tangentenring, und der ausgesandte Laserstrahl wird durch ein Schrittschaltwerk in seiner Seitenlage so verändert, daß er jeweils auf eine Umlenkeinheit fällt. Unter einem konstanten Winkel nach oben orientiert, verläßt der Strahl die Umlenkoptik und stellt eine Tangente *4* zur Mantellinie des Kühlturms dar. Die Laserstrahllage wird auf der jeweiligen Fertigungshöhe der Gleitschalung *2* auf Meßlatten *1* geortet und die Ist-Ablesungen getätigt. Der Vergleich mit dem Soll-Abstand zur Schalungsinnenkante gestattet die Korrektur der Lageabweichungen des Gleitschalungskörpers durch entsprechende Steuerungsmaßnahmen. Je nach Höhe der Gleitschalung muß ein anderer Tangentenring mit Umlenkeinheiten *9* und Tangentiallaserstrahlen *3* benutzt werden. Gegenüber den optischen Kontrollmessungen ergeben sich bei Anwendung der Lasertechnik die kurzfristige Bereitstellung der Meßergebnisse, eine wesentliche Erhöhung der Baugenauigkeit, die Verbesserung des Arbeitsschutzes sowie die Unabhängigkeit von Witterungsbedingungen als Vorteile.

Montage von Antennenträgern

Da die Antennenträger für Funkübertragungen meist auf Bergen errichtet werden, muß sich die Bauzeit wegen der dort vorhandenen meteorologischen Bedingungen kurzzeitig auf etwa 5 Monate beschränken. Für diesen schnellen Baufortschritt bei der Montage von 5 ... 8 m langen Sektionen zum über 100 m langen Antennenträger mußte ein adäquates Meß- und Steuerungsverfahren auf der Basis der Lasertechnik entwickelt werden. Vor der ersten Rohrsektion wurde ein Laserfluchtungsgerät aufgestellt und auf eine Zieltafel am Sektionsanfang ausgerichtet, die auf der Öffnung in der Zentralachse angebracht ist. Eine zweite Zieltafel ist am Ende der Sektion an gleicher Stelle befestigt. Durch ein Drehkeilpaar und eine parallele Platte unmittelbar vor dem Lasergerät wird nun die Strahl-

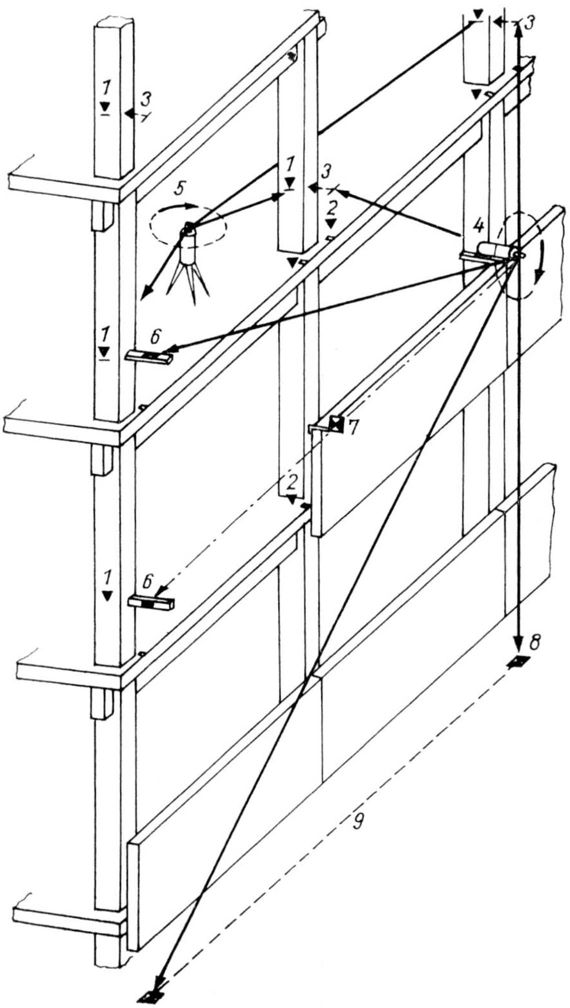

Bild 6.15. Lasereinsatz bei der Montage von Fassadenelementen

richtung so verändert, daß das Zentrum des Laserstrahls nun auch auf die zweite Zieltafel fällt. Jetzt kann die folgende Rohrsektion, in der ebenfalls an gleicher Stelle zwei Zieltafeln befestigt sind, auf die vorgegebene Flucht orientiert werden, und auch während des Schweißvorgangs ist das Erkennen und Korrigieren von Lageveränderungen kurzfristig möglich.

Ausrichten von Fassadenelementen (Bild 6.15)

Die spätere ästhetische Wirkung einer Bauwerksfassade ist stark von der erzielten Montagegenauigkeit abhängig. Aus diesem Grund wird für das Ausrichten der Fassadenelemente in Längs- und Höhenrichtung besonders bei Gesellschaftsbauten ein hoher Meßaufwand erforderlich. Durch die Verwendung eines Rotationslasers *4*, der nicht vertikal auf dem Stativ aufgestellt, sondern horizontal an einer Konsole angeklemmt ist, wird in der Fassadenebene eine Vertikalebene aufgespannt und auf die Fluchtparallele *9* der Markierungspunkte *8* orientiert. Mittels einer elektronischen Montagelehre *6* wird der Abstand *3* zu den Stützen an den Aufhängungspunkten der Fassadenelemente bestimmt. Die Fassadenelemente selbst werden mit der an ihnen angebrachten elektrooptischen Montagelehre *7* auf die Vertikalebene des Rotationslasers orientiert und damit eine genaue Ausrichtung erzielt. Die Horizontalität der Fassadenelemente kann bei der Montage durch einen weiteren Rotationslaser *5* gesichert werden, der eine Horizontalebene aufspannt, wodurch die Höhenangaben für die Höhenmarken *1* (Meterrisse) gemacht werden können. In Gebäudelängsrichtung werden die Elemente bezogen auf die abgesteckten Markierungen *2* orientiert.

Unterirdischer Rohrvortrieb

Beim Verlegen von Rohrleitungen in bereits bebauten Gebieten, z. B. beim Kreuzen von Verkehrswegen, kann als rationelle Technologie die Durchörterung angewandt werden. Diese grabenlose Herstellung unterirdischer Hohlräume verlangt eine rationelle Steuerungstechnologie, der die Laseranwendung gerecht wird. Bezogen auf die geodätischen Absteckungsmarkierungen in der Startgrube, wird ein Laserfluchtungsgerät aufgestellt. Nach entsprechender Orientierung erzeugt der Laserstrahl die Vortriebsachse bzw. eine Achsparallele. Hierauf bezogen wird die Ist-Lage des jeweils vorgetriebenen Rohrs aufgemessen und im Vergleich mit den Soll-Werten Korrekturmaßnahmen für den weiteren Vortrieb abgeleitet. Eine Kontrollzieltafel in der bereits fertiggestellten Rohrsektion sichert die Stabilität des Laserstrahls. Mit der angewandten Lasertechnologie kann eine hohe Vortriebstechnologie mit hoher Vortriebsgenauigkeit erzielt werden.

7. Literaturhinweise

[1] *Apel, P.; Sändig, H. J.:* Anwendung der Lasertechnik bei der Zwangsmontage. Bauinformation, Wissenschaft und Technik, Berlin 23 (1980) 6, S. 21—23

[2] *Apel, P.; Hübner, E.; Behrends, R.:* Experimentelle Untersuchungen von vertikalen Laserstrahlfluktuationen in der bodennahen Luftschicht. Vermessungstechnik, Berlin 29 (1981) 2, S. 55—58

[3] *Apel, P.:* Automatisches Kranbahnschienen-Meßsystem. Österreichische Zeitschrift für Vermessungswesen und Photogrammetrie, Wien 71 (1983) 3, S. 146—147

[4] Autorenkollektiv: Wissensspeicher Lasertechnik. Leipzig: VEB Fachbuchverlag, 1982

[5] *Baran, P. I.; Il'in, S. I.:* Erfahrungen bei der Anwendung der Laserprojektion bei Deformationsmessungen an einem Schalendach. Vermessungstechnik, Berlin 32 (1984) 11, S. 390

[6] *Berger, G.; Ertel, K.:* Laser im Markscheidewesen. Vermessungstechnik, Berlin 25 (1977) 8, S. 257—260

[7] *Cyrklaff, G.:* Zur Anwendung des Laserfluchtungsgerätes LFG 1 bei Kontrollmessungen an Portalkranbahnen. Vermessungstechnik, Berlin 29 (1981) 11, S. 379—381

[8] *Dement'ev, V. E.* u. a.: Neue geodätische Technik und ihre Anwendung im Bauwesen (russ.). Moskva: Verlag Vysšaja škola 1982.

[9] *Deumlich, F.:* Zur Entwicklung von Lasergeräten für geodätische Fluchtungsmessungen. Vermessungstechnik, Berlin 2 (1973) 2, S. 44 bis 47

[10] *Deumlich, F.:* Instrumentenkunde der Vermessungstechnik, 7. Auflage, Berlin: VEB Verlag für Bauwesen 1980

[11] *Dzierzega, A.:* Laserlotung im polnischen Bergbau. Allgemeine Vermessungs-Nachrichten, Karlsruhe 86 (1979) 2, S. 53—55

[12] *Eidam, Ch.; Freitag, P.:* Einsatz des Laserfluchtungsgerätes LFG 1 beim Bau eines Hochregallagers. Vermessungstechnik, Berlin 29 (1981) 6, S. 202—203

[13] *Feist, W.:* Die Orientierung des Laserstrahls zum Achsensystem eines Laserfluchtungsgerätes am Beispiel des LFG 1 des VEB Carl Zeiss JENA. Vermessungstechnik, Berlin 27 (1979) 11, S. 372—375

[14] *Feist, W.:* Prüfung der Achsenfehler eines Laserfluchtungsgeräts am Beispiel des LFG 1 des VEB Carl Zeiss JENA. Vermessungstechnik Berlin 28 (1980) 9, S. 309—312

[15] *Fels, B.:* Vermessung im vielgeschossigen Wohnungsbau mit Hilfe des Laserleitstrahlprinzips. Bauzeitung, Berlin 28 (1974) 7, S. 357 bis 358

[16] *Freitag, P.; Zschiesche, K.:* Erfahrungen über die erreichbare Fluchtungsgenauigkeit mit Lasergeräten im Gelände. Vermessungstechnik, Berlin 26 (1978) 10, S. 338—340

[17] *Freitag, P.:* Anwendungsmöglichkeiten des Laserfluchtungsgeräts LFG 1 in der Ingenieurgeodäsie. Vermessungstechnik, Berlin 28 (1980) 5, S. 153—154

[18] *Hannover, H.-O.:* Vermessen von Krananlagen mit Hilfe von Lasermeßeinrichtungen. Veröffentlichungen des Geodätischen Instituts der Technischen Hochschule Aachen, (1980) 28, S. 35—54

[19] *Hartenstein, K.:* Automatische Steuerung von Baumaschinen durch Laserleitswahlen in der UdSSR. Bauplanung—Bautechnik, Berlin 31 (1977) 11, S. 503—505

[20] *Hartenstein, K.:* Automatische Steuerung von mobilen Baumaschinen mit Lasersystem. Bauinformation, Wissenschaft und Technik, Berlin 24 (1981) 6, S. 4—7

[21] *Hennecke, F.; Werner, H.:* Ingenieurgeodäsie — Anwendungen im Bauwesen und Maschinenbau. Berlin: VEB Verlag für Bauwesen, 1982

[22] *Hoffmeister, H.:* Anforderungen an die Bereitstellung der Lasertechnik für die ingenieurgeodätische Praxis. Vermessungstechnik, Berlin 31 (1983) 10, S. 331—333

[23] *Hübner, H.:* Einfluß der terrestrischen Refraktion auf den Laserstrahl in bodennahen Luftschichten. Vermessungstechnik, Berlin 25 (1977) 10, S. 349—353

[24] *Hübner, E.:* Untersuchungen zur Ausschaltung des Einflusses der Vertikalrefraktion bei Laserleitstrahltechnologien. Vermessungstechnik, Berlin 26 (1978) 7, S. 235—239

[25] *Igil'manov, Z. A.:* Anwendung geodätischer Lasergeräte beim Bau unterirdischer Leitungen (russ.). Geodezija i kartografija, Moskva 59 (1984) 5, S. 26—27

[26] *Ivaniščev, V. I.:* Geodätische Geräte mit Gaslasern (russ.). Geodezija i kartografija, Moskva 50 (1975) 8, S. 23—28

[27] *Jambaev, Ch. K.:* Präzisionsfluchtungsmessungen (russ.). Moskva: Nedra-Verlag, 1978

[28] *Janusz, K.; Krzysztof, K.:* Lasergerätezusatz für die Messung statischer und dynamischer Verschiebungen (poln.). Przeglad geodezyiny, Warszawa 55 (1983) 1—2, S. 18—20

[29] *Jarzymowski, A.; Jozwik, M.:* Polnische Laser im Markscheidewesen. Freiberger Forschungshefte A 660. Leipzig: VEB Deutscher Verlag für Grundstoffindustrie 1982, S. 123—131

[30] *Kahmen, H.:* Die Bedeutung des Lasers für die Geodäsie. Allgemeine Vermessungs-Nachrichten, Karlsruhe 81 (1974) 7, S. 245—258

[31] *Kaspar, M.:* Vergleich des Laser-Alignements mit geodätischem Verfahren. Vermessungstechnik, Berlin 27 (1979) 4, S. 126—129

[32] *Kašpar, M.; Štastny, K.:* Messung von Deformationen auf Flugpisten mittels Lasern (tschech.). Geodet. a kartogr. Obzor, Praha 30 (1984) 1, S. 29—33

[33] *Kavunec, D. N.* u. a.: Kranbahnkontrolle mittels Lasertechnik. Vermessungstechnik, Berlin 29 (1981) 7, S. 249—250

[34] *Kehlen, E.:* Praktische Erfahrungen beim Einsatz des Lasernivelliers AGA „Geophane 300". Allgemeine Vermessungs-Nachrichten, Karlsruhe 81 (1974) 7, S. 258—261

[35] *Knabenschuh, H.:* Durchbiegungsmessungen an einem Brückenüberbau mit rotierendem Laser. Vermessungsingenieur, Wiesbaden 35 (1984) 2, S. 59—67

[36] *Kockelke, W.; Berger, J.:* Rationalisierungsmaßnahmen bei der Herstellung von Großkühltürmen. Bauplanung—Bautechnik, Berlin 28 (1974) 2, S. 56—58

[37] *Koitzsch, R.; Küpper, W.; Schoenemann, J.:* Laser-Leitstrahlen zur Rationalisierung industrieller Bauverfahren. Bauplanung—Bautechnik, Berlin 25 (1971) 11, S. 538—540

[38] *Krakau, K.:* Einsatz eines automatischen Lotlasers beim Bau von 160 m hohen Kühlturmschloten. Vermessungsingenieur, Wiesbaden 30 (1979) 4, S. 84—86

[39] *Küpper, W.:* Unterirdischer Rohrvortrieb und Kleintunnelbau mit Laserorientierung. Bauinformation, Wissenschaft und Technik, Berlin 20 (1977) 1, S. 31—32

[40] *Küpper, W.:* Lasermeßtechnik bei der Rohrverlegung. Bauinformation, Wissenschaft und Technik, Berlin 20 (1977) 5, S. 26—28

[41] *Leenen, H.:* Vermessungslaser FVL. Vermessungstechnische Rundschau, Bonn 32 (1970) 7, S. 241—244

[42] *Liebsch, H.:* Kontrollbeobachtungen bei der Demontage einer Abraumförderbrücke mittels Nivellement und Laser. Neue Bergbaumechanik, Leipzig 11 (1981) 4, S. 214—218

[43] *Macek, K.:* Laserfernsehsystem für die automatische Montage von Baukonstruktionen (tschech.). Geodet. a kartogra. Obzor, Praha 24 (1978) 12, S. 319—321

[44] *Münch, K.:* Der Lasertheodolit Kern DKM-ZA. Zeitschrift für Vermessungswesen, Stuttgart 97 (1972) 1, S. 10—15

[45] *Pachuta, S.; Koscielewski, R.:* Das automatische Laseroptische Lotgerät APLO-KP 3 (poln.). Przeglad geodezying, Warszawa 45 (1973) 10, S. 422—424

[46] *Paramonova, E. G.; Junusov, A. G.:* Geodätische Arbeiten im Meliorationsbau. Vermessungstechnik, Berlin 31 (1983) 10, S. 354—355

[47] *Pata, F.:* Einsatz von Lasern beim Tunnelvortrieb für die Prager Metro (tschech.). Geodet. a kartogr. Obzor, Praha 27 (1981) 10, S. 256—268

[48] *Pfeifer, T.; Trapet, E.:* Einsatz von Lasertechnologien zur Prüfung der Geradheit von Maschinenachsen. Veröffentlichungen des Geodätischen Instituts der Technischen Hochschule, Aachen (1980) 28, S. 7—34

[49] *Pospišil, J.; Štastny, K.:* Die automatische Berechnung des Einflusses der terrestrischen Refraktion auf den Laserstrahl. Vermessungstechnik, Berlin 31 (1983) 5, S. 154—156

[50] *Przewlocki, St.:* Lasermeßgeräte zur geodätischen Anwendung im industrialisierten Bauwesen. Vermessungstechnik, Berlin 32 (1984) 9, S. 302—303

[51] *Sändig, H.-J.:* Lasermeßtechnik zur Höhenabsteckung im Plattenwohnungsbau. Bauinformation, Wissenschaft und Technik, Berlin 22 (1979) 6, S. 3—4

[52] *Schmitz, H. P.:* Laser-Steuerungssystem im Einsatz für großflächige Erdarbeiten. Vermessungsingenieur, Wiesbaden 31 (1980) 5, S. 147 bis 150

[53] *Schöldström, R.:* AGA Geoplane 300. Allgemeine Vermessungs-Nachrichten, Karlsruhe 82 (1975) 2, S. 63—72

[54] *Stohs, St.:* Erfahrungen beim Einsatz von Laser-Nivellementseinrichtungen. Signal und Schiene, Berlin (1979) 4, S. 164—166

[55] *Sytnik, V. S.:* Kontrolle und Sicherung der Genauigkeit bei der Errichtung von Gebäuden und Ingenieurbauwerken (Übersetzung aus dem Russischen). Berlin: VEB Verlag für Bauwesen, 1979

[56] *Sytnik, V. S.:* Geodätische Detailabsteckungen mit Lasergeräten (russ.). Geodezija i kartografija, Moskva 56 (1981) 10, S. 24—28

[57] *Sytnik, V. S.* u. a.: Geodätische Betreuung von Montagebauarbeiten (russ.). Moskva: Verlag Strojizdat 1982

[58] *Thus, R.:* Vermessungsarbeiten an der Absenkstrecke des neuen Elbtunnels. Vermessungsingenieur, Wiesbaden 23 (1972) 6, S. 215—223

[59] *Tlusty, J.:* Helium-Neon-Gaslaser im Bauwesen. Bauplanung—Bautechnik, Berlin 26 (1972) 8

[60] *Tlusty, J.:* Anwendung von Lasergeräten für die Vermessung von Kranbahnen. Vermessungstechnik, Berlin 27 (1979) 4, S. 129—130

[61] *Torkatjuk, V. I.* u. a.: Lasertechnik im Bauwesen (russ.). Kiev: Verlag Budivel'nik, 1981

[62] *Trantofsky, P.:* Schnellere und genauere Bau-Vermessung mit Lasergeräten. Bauwirtschaft 47 (1970) S. 1554—1556

[63] *Trantofsky, P.:* Bau-Vermessung mit Lasergeräten. Straßenbau-Technik 24 (1971) 8, S. 555—557

[64] *Vasjutinskij, I. Ju.* u. a.: Geodätische Geräte bei Montagebauarbeiten (russ.). Moskva: Nedra-Verlag, 1982

[65] *Wende, M.:* Untersuchungen zur Anwendung von Laserfluchtungsgeräten in geschlossenen Räumen. Vermessungstechnik, Berlin 30 (1982) 5, S. 155—157

[66] *Zacarinnyj, A. V.:* Automatisierung ingenieurgeodätischer Präzisionsmessungen (russ.). Moskva: Verlag Nedra 1976

8. Sachwörterverzeichnis